"十三五"普通高等教育本科部委级规划教材
"十三五"浙江省普通高校新形态教材

礼服立体造型与装饰

LIFU LITI ZAOXING YU ZHUANGSHI

沈婷婷　何　瑛　著

中国纺织出版社有限公司

内 容 提 要

本书为“十三五”普通高等教育本科部委级规划教材、“十三五”浙江省普通高校新形态教材。

本书在图文结合地介绍礼服特点和分类的基础上，以实际案例的形式详尽地说明了胸衣、裙撑的造型方法；以典型款式的局部为例分析了斜裁、褶裥、编织、堆积和立体花卉等礼服立体造型的常用技法，以及面料再造、抽缩、堆砌、波浪、褶裥和手工装饰朵花等礼服装饰常用技法的要点和难点，并以变化丰富的综合应用款式案例进行了详尽的示范和阐述。

本书讲解细致深入，要领明确，既适合高等院校服装专业学生作为教材使用，又可供服装行业人员参阅。

图书在版编目（CIP）数据

礼服立体造型与装饰 / 沈婷婷，何瑛著 . -- 北京：中国纺织出版社有限公司，2020.11（2023.7 重印）

“十三五”普通高等教育本科部委级规划教材

“十三五”浙江省普通高校新形态教材

ISBN 978-7-5180-7727-4

Ⅰ.①礼… Ⅱ.①沈… ②何… Ⅲ.①服装设计—高等学校—教材 ②立体裁剪—高等学校—教材 Ⅳ.①TS941.2 ②TS941.631

中国版本图书馆 CIP 数据核字（2020）第 145059 号

策划编辑：魏 萌　　责任编辑：杨 勇

责任校对：王蕙莹　　责任印制：王艳丽

中国纺织出版社有限公司出版发行

地址：北京市朝阳区百子湾东里 A407 号楼　邮政编码：100124

销售电话：010 — 67004422　传真：010 — 87155801

http: //www.c-textilep. com

中国纺织出版社天猫旗舰店

官方微博 http://weibo.com/2119887771

北京通天印刷有限责任公司印刷　各地新华书店经销

2020 年 11 月第 1 版　2023 年 7 月第 3 次印刷

开本：787 × 1092　1/16　印张：12

字数：268 千字　定价：58.00 元

前言

PREFACE

礼服以其独特的造型、质感的面料、精美的图案和精湛的工艺等元素，凸显出穿着者的不凡气质，也显示出设计师卓越的设计能力，是各大秀场中夺人眼球的主角。服装专业的很多同学也会选择礼服作为毕业汇报的作品。

从结构上来看，礼服会运用到一些有别于日常服的立体造型技法以实现其款式造型，如垂荡、编织、堆积等，还会借助一些装饰手法以增添视觉上的美感，如面料再造、波浪、褶裥等。在掌握了基础立体裁剪的技法后，学习礼服的立体造型和装饰技法，可以进一步提高服装设计美学修养、综合思考和实践能力。本书是对应礼服构成设计课程或服装结构设计综合课程的教材。

胸衣和裙撑作为女性内塑形体的材料，在礼服发展史上具有极其重要的地位，也常被运用于现代礼服中。本书的第二、第三章节分别在概述其发展历史的基础上，各以两个代表性案例说明其常用的立体制作方法。

为了在选择具体范例上能增加覆盖的广度并更具代表性，本书在立体造型和装饰技法部分均采用局部练习的示范方式，也就是本书中第四章和第五章两个主要章节的写法，目的是更突出要点和难点，启发学生在练习中应用。

在第六章中，精心选择了七个从易到难的礼服款式，完整地从款式分析、粘贴款式线、面料准备到每个立体裁剪步骤都结合大量图片进行了细致的讲解，供读者参考练习。

在选择是用真实面料还是白坯布来制作服装范例时，考虑到整本书的图片统一效果，最后决定以白坯布为主，只在垂荡章节部分采用悬垂性好的白色雪纺和麻质面料来制作，在教学中鼓励同学们练习时采用真实面料来制作。

本书的款式图由姚声宇绘制，学生示范作业选自浙江理工大学服装设计工程17（1）（2）班同学的作品，出版获浙江理工大学教材建设项目经费资助，在此表示衷心的感谢。

限于我们的水平和摄影条件，书中仍有不尽人意之处，敬请读者和同行批评指正。

编者

2020年1月

教学内容及课时安排

章/课时	节	课程内容
第一章/6	●	**概述**
	一	礼服的特点及审美
	二	礼服的分类
	三	立体造型工具准备
第二章/4	●	**胸衣的立体造型**
	一	胸衣的发展
	二	公主线绑带胸衣
	三	多分割碎褶胸衣
第三章/4	●	**裙撑的立体造型**
	一	裙撑的发展
	二	框架式裙撑
	三	网纱裙撑
第四章/8	●	**礼服立体造型的常用技法**
	一	礼服立体造型常用技法的种类
	二	斜裁
	三	平行褶
	四	纵向褶
	五	立体褶
	六	编织
	七	堆积
	八	立体花卉
第五章/8	●	**礼服装饰的常用技法**
	一	面料再造
	二	抽缩
	三	堆砌
	四	波浪
	五	褶裥
	六	手工装饰朵花
第六章/20	●	**礼服立体造型与装饰技法的综合运用**
	一	波浪装饰小礼服裙
	二	旋转分割插裆礼服裙
	三	不规则横向抽褶礼服裙
	四	多片系带长裙
	五	放射褶长裙
	六	双领单肩礼服裙
	七	玫瑰装饰蝴蝶礼服裙

注 各院校可根据自身的教学特点和教学计划对课程时数进行调整。

目录

CONTENTS

第一章

概述

课题名称：概述

课题内容：1. 礼服的特点及审美

2. 礼服的分类

3. 人台基准线的设置方法

4. 坯布品类以及丝缕的差异

课题时间：6课时

教学目的：主要阐述礼服的概念及其在款式、色彩、面料、工艺和配件上的独特性，使学生了解礼服的造型特点；具体分析了礼服的两种主流分类方式，加深学生对礼服概念的理解；主要介绍如何在开始立体造型前准备好人台、坯布等工具和材料

教学方式：讲授、讨论与练习

教学要求：1. 让学生了解礼服与日常服的区别

2. 使学生理解礼服如何通过各个要素凸显其唯美性

3. 使学生了解礼服适合不同场合穿着目的的差异性

4. 使学生了解不同廓型礼服的典型特征

5. 使学生掌握人台基准线的设置方法

6. 使学生理解立体裁剪中，在选择坯布材料及其丝缕方向时应充分考虑其对礼服立体成型效果的影响

7. 使学生掌握正确的取料方式

礼服也称为社交服，是指参加典礼、婚礼、祭礼、葬礼等郑重的仪式时所穿用的服装。古代希腊王朝中贵族妇女所穿着的，有绳带系于乳房以下勾勒出胸部形态，下身为钟形衣裙的服装可以看成是礼服的最早雏形。16世纪欧洲文艺复兴时期使礼服的概念基本定型，17~18世纪的巴洛克艺术和洛可可艺术推动礼服形成华丽而隆重的风格。

礼服发展中最具有代表性的就是14~17世纪初叶，欧洲大地掀起了波澜壮阔的文艺复兴运动，应运而生的意大利花样丝绒，以其高雅的质感和高昂的价格被视作富贵和奢侈的象征，受到社会特别是贵族和富有者的狂热青睐，成为许多重要人物的服饰穿戴。其中还有许多著名画家参与了丝绒服饰的设计与普及，他们的作品在许多重要人物穿戴的丝绒服装上得到印证。

在西方的服装史上，13世纪初期就已确立了立体三维的裁剪方法。而三维裁剪的发明和运用成为东西方服装的分水岭，从此，西方服装变得立体，外形变得富于变化，同时尽可能地让造型体现体形美。

第一节　礼服的特点及审美

随着生活节奏的加快，衣着观念的更新，今天人们对礼服的需求更以非语言的独特方式表达着社会生活的秩序和规范。开幕式、宴会、舞会、联谊会、歌剧演出等各种社交活动，礼服设计有不同的要求。礼服的形式及穿用方式从欧洲贵族阶层传承下来。随着科学技术的发展、生活方式和生活观念的改变，新材料、新款式在服装领域层出不穷，使得礼服的设计更加符合现代人的需要、造型变得简洁、大气、时尚且平民化、大众化。

礼服在款式、色彩、面料、工艺和配件上都有它的独特性。

首先，款式设计上，注重体现个性美，集古典和现代于一身；图1-1-1是Jean Paul Gaultier 2019春夏的高定作品，设计师将金色装饰物与印花、刺绣等民族符号融合起来，充分展现夸张及诙谐，把前卫、古典和奇风异俗混合得令人叹为观止。图1-1-2是俄罗斯新锐设计师Ulyana Sergeenko2015春夏的设计作品，作品充满了浓厚的名媛风，细腻的女性柔美细节搭配大方的剪裁，弧线廓型搭配花草图案，甜而不腻，柔软中突显性感和帅气。图1-1-3是Dior 2008高定时装周的作品，设计师约翰·加里亚诺用夺目的戏剧手法呈现了华丽面料与艺术重彩相结合的时装作品，可谓经典中的经典。

礼服的特点及审美

第二，礼服色彩非常丰富，从素雅的单色到洋溢着现代感的花色都可以运用到礼服设计上。图1-1-4是英国新兴品牌Marchesa 2017年春夏高定作品，设计师采用晕染的手法，柔和地实现双色面料的过渡，配合柔软飘逸的面料材质，增添了设计作品女性化的风貌。图1-1-5是Dior 2011年秋冬高定的作品，作品色彩浓烈，通过深浅不

Jean Paul Gaultier 2019年春夏作品

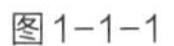

图1-1-1

Ulyana Sergeenko 2015年春夏作品

图1-1-2

Dior 2008年高定作品

图1-1-3

Marchesa 2017年春夏作品

图1-1-4

Dior 2011年秋冬作品

图1-1-5

Valention 2018年春夏作品

图1-1-6

一的红色呈现强烈的品牌信息。图1-1-6是Valentino 2018年春夏高定的作品，作品造型简约流畅，设计重点突出色彩的对比，体现女性温柔、独立的气质。

第三，礼服用料品种繁多，包括面料、辅料和配饰材料。礼服的常用面料有雪纺、绡、缎、绉、丝绒、塔夫绸等，常用的辅料有鱼骨、网眼纱、紧固件及装饰品等。其中紧固件包括拉链、纽扣、绑绳、气眼等，装饰品包括羽毛、珠片等。图1-1-7是Ralph & Russo 2018年春夏高定作品，这是一款造型、用料和色彩都非常典型的晚礼服，作品采用了同一色系不同材质的组合方式，包括真丝绸、蕾丝及装饰钉珠等。在这件婚礼服上有塔夫绸、裘皮、蕾丝等材料的运用。图1-1-8是Elie Saab 2017年秋冬高定作品，设计师以丝绒为主要面料，在裙摆处配合同色的雪纺，整体设计色彩浓烈和纯粹，通过金色的金属装饰突出了作品的复古奢华气质。图1-1-9是Fendi 2015年秋冬作品，设计师采用皮革和毛皮结合的方式作为面料主体，色彩简约，造型流畅。

第四，在工艺制作过程中，礼服做工考究，并以刺绣、钉珠、镶嵌、镂花等方法营造高档、华丽的服饰效果（图1-1-10~图1-1-13）。

Ralph & Russo 2018年春夏作品

图1-1-7

Elie Saab 2017年秋冬作品

图1-1-8

Fendi 2015年秋冬作品

图1-1-9

图1-1-10

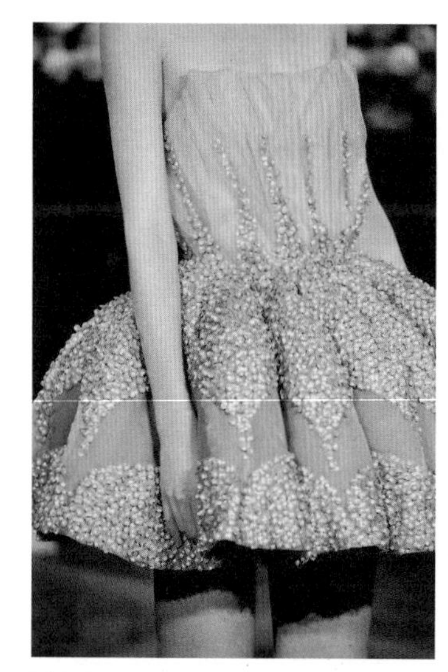

图1-1-11

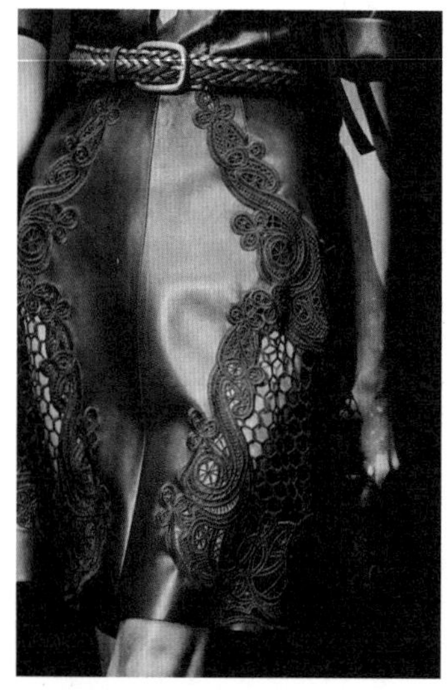

图1-1-12

图1-1-13

第五，礼服的服饰配件也是构成礼服整体效果必不可少的一个方面，如头饰、项链、胸针、耳饰、腕饰、裙带、戒指以及与礼服相配的鞋、靴、帽、包、手套等。服饰配件作为礼服的重要组成部分，不仅仅为礼服造型锦上添花，还承载着穿着者对出席场合和身份地位的情感表达，因此服饰配件不仅在外观上对礼服进行补充，而且内涵上还体现了个人审美和精神追求。

Chanel 2019年春夏作品

图1-1-14

Dior 2015年春季作品

图1-1-15

DSquared2 2013年春夏作品

图1-1-16

图1-1-14是Chanel 2019年春夏高定的作品，服饰配件是极具品牌烙印的菱形格包和珍珠项饰，造型繁复但色彩简单，体现品牌一贯倡导的高雅、独立的女性形象。图1-1-15是Dior 2010年春季高定作品，设计师通过礼帽、面纱、马鞭和手套营造了高傲华丽的贵族女性形象。图1-1-16是DSquared2 2013年春夏高定作品，设计师用夸张的造型、金光奢丽的色彩以及繁复的层叠饰品打造了一个性感、狂野、时尚的少女形象。图1-1-17为Dior 2018年秋冬作品，图1-1-18为Armoni Prive 2013年春夏作品。

Dior 2018年秋冬作品

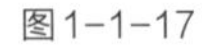
图1-1-17

Armoni Prive 2013年春夏作品

图1-1-18

第二节　礼服的分类

礼服根据不同的标准能形成多种分类，其中比较主流的分类方式有两种：一是按照礼服的使用场合及其功能进行分类，二是按照礼服的外形轮廓和结构进行分类。

一、按使用场合及其功能分类

按穿着场合和功能用途礼服可以分为日礼服、晚礼服、婚礼服、演出服、舞会服等。

1. **日礼服**　日礼服是指白天出席社交活动时穿用的礼服，如开幕式、宴会、婚礼、游园、正式拜访等。一般外观端庄、郑重的套装、裙服均可作为日礼服，它不像晚礼服那样有特别的规定。面料多为毛、麻、丝绸或有丝绸感的面料，小服饰配件也采用与服装相应的格调，以表现穿着者良好的风度为目的（图1-2-1）。日礼服以裙、裤

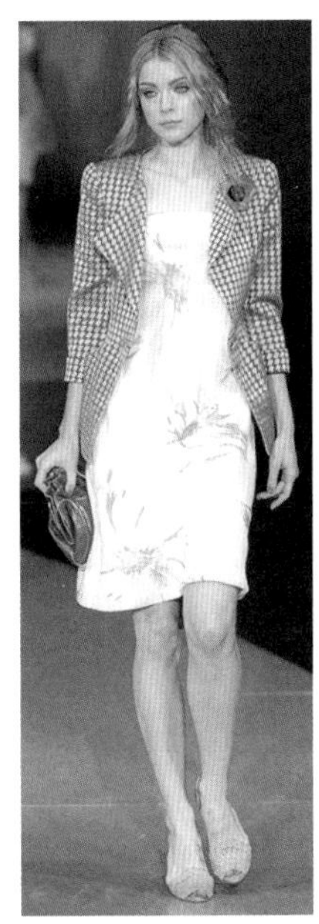

Amarni
2009年春夏作品

Aquilano Rimondi
2009年作品

Oscar de la Renta
2009年作品

Ralph & Russo
2016年春夏作品

图1-2-1

套装为主，整体款式朴素，局部增加具有设计感的细节，面料、色彩柔和并富有一定的光泽，配合尺寸较大的项饰、胸针、手包等进行装饰。礼服整体外观端庄知性并具有一定华丽感。

2. **夜礼服**　夜礼服也称为晚装，是在晚间礼节性活动中所穿用的服装。晚礼服有两种形式，其一是传统的晚装，其二是现代晚礼服。

传统晚礼服形式多为低胸、露肩、露背、收腰和贴身的长裙，适合在高级的、具有安全感的场合穿用（图1-2-2）。传统晚礼服大都是落地长裙，面料以色丁、蕾丝、雪纺、欧根纱为主，色彩高级优雅，材质柔软并富有光泽，配合模特精致的妆容，尽显高贵华丽。

与传统晚礼服相比，现代晚礼服大都以连衣裙为主要形式，面料依然以色丁、雪纺、蕾丝为主，质地华丽（图1-2-3）。在造型上一般尺寸较小巧而精致，更为轻便舒适、经济美观，如西服套装式、短上衣长裙式、内外两件的组合式甚至长裤的合理搭配也成为现代晚礼服的穿着。

Ralph & Russo 2014年春夏作品

Ulyana Sergeenko 2015年春夏作品

Dany Atrache 2016年春夏作品

图1-2-2

Lanvin
2008年春夏作品

Moschino
2009年春夏作品

Vera Wang
2009年春夏作品

Lanvin
2014年春夏作品

Armani Prive
2015年春夏作品

图1-2-3

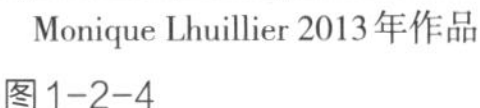

Monique Lhuillier 2013年作品　Oscar de La Renta 2015年作品　Ashi Studio 2016年作品　Oscar de La Renta 2013年作品

图1-2-4

3. **婚礼服**　婚礼服是结婚时新娘所穿用的服装。西式婚礼服源于欧洲的服饰习惯，在多数西方国家中，人们结婚要到教堂接受神父或牧师的祈祷与祝福，这样才能被公认是合法的婚姻。因此，新娘要穿上白色的婚礼服表示真诚与纯洁，并配以帽子、头饰和披纱来衬托婚礼服的华美。有时新娘的伴娘也穿用与新娘的婚礼服相协调又有区别的礼服，从而形成一种陪衬关系。

西式婚礼服从造型、色彩、面料上都有一些约定俗成的规律，造型多为H型或X型长裙、色彩上通常为白色，象征着真诚与纯洁。婚礼服因为地域的不同也有多种风格，如图1-2-4中Monique Lhuillier作品和Ashi Studio作品是传统意义上的婚礼服造型，而Oscar de La Renta作品则为具有海岛风情的少女婚礼服，色彩的变化增添了异样的风情。我国传统婚礼服是旗袍，色彩多以红色为主，象征着喜庆、吉祥和幸福。随着中西方文化的交流和影响，西式婚礼服在我国也逐渐盛行，由于色彩观念的差异，我国的婚纱色彩更加丰富，如大红色、浅粉色等也成为新娘的选择。

4. **表演服** 表演服是所有舞台表演服装的统称，是塑造形象所借助的一种手段，它利用其装饰、象征意义，直接形象地表明角色的性别、年龄、身份、地位、境遇以及气质、性格等，因而表演服会因为穿着者的身份、用途、演出形式及场合等因素的不同而存在较大差异，或个性张扬，或端正大方，不拘一格。图1-2-5是已故意大利设计师范思哲为迈克尔·杰克逊1996年历史巡演设计的黄金战衣。

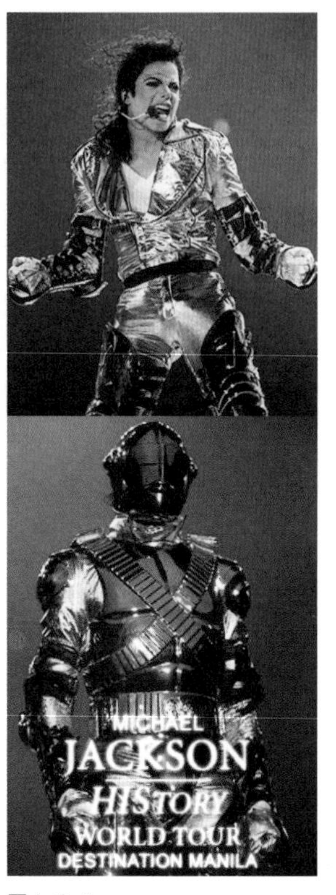

图1-2-5

二、按外形轮廓分类

按照礼服的轮廓和结构主要可以分为套装类礼服、A型礼服、H型礼服、X型礼服、S型礼服、O型礼服、鱼尾型礼服、几何造型礼服、建筑造型礼服等。

1. **套装类礼服** 套装类礼服顾名思义是以上装配半裙或裤为主要形式的礼服，多为日礼服，适用于日间礼仪活动和晚间的商务活动。如图1-2-6是典型的套装类礼服，Chanel作品以该品牌典型风格的花呢无领短外套搭配鱼尾长裙，并以浪漫风格的头饰和胸针加以修饰，展示了高雅端庄的少女风格；Lanvin作品以丝质西装外套搭配短裤并用蝴蝶节腰带作为修饰，形成了精致的中性熟女风格；Moschino作品以无领长外套搭配黑白格One-piece连衣裙并采用夸张的蝴蝶结进行修饰，彰显了摩登俏皮的少女风格。

2. **A型礼服** A型礼服是指肩部合体、下摆宽大、不强调腰部形态，外形轮廓整体呈现同“A”字型的礼服。A型礼服一般肩部收缩或没有肩部设计，裙摆夸大，腰部自然过渡或者腰线提高。A型礼服整体风格优雅浪漫，具有活泼动感的少女气质（图1-2-7）。

3. **H型礼服** H型是一种弱化人体肩、腰、臀部宽度差异的一种廓型，外轮廓接近于矩形，形成字母“H”的外观效果。礼服造型流畅、挺括，形成简约自然、优雅大气的风格特点（图1-2-8）。

Chanel 2013年春夏作品

Lanvin 2009年春夏作品

Moschino 2009年春夏作品

图1-2-6

Ralph & Russo 2017年春夏作品

Jean Paul Gaultier 2009年春夏作品

Viktor & Rolf 2015年春夏作品

图1-2-7

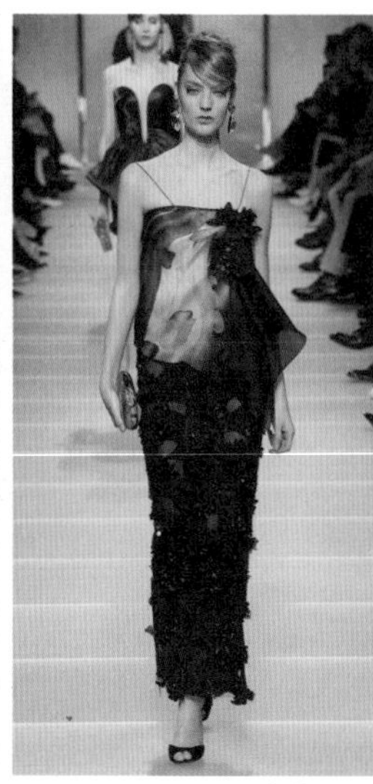
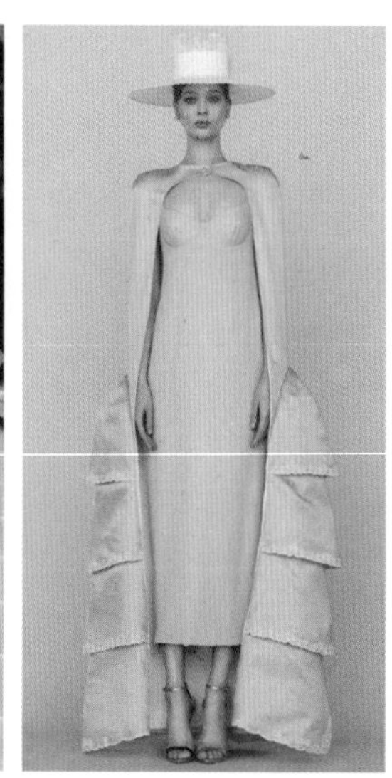
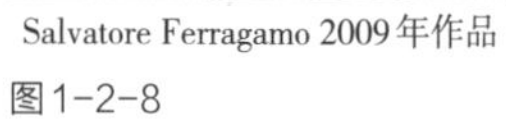

Salvatore Ferragamo 2009年作品　Ralph & Russo 2018年作品　Giorgio Armani 2018年作品　Ulyana Sergeenko2015年作品

图1-2-8

Dior 2009年春夏作品　Ralph & Russo 2014年秋冬作品　Alexander McQueen 2008年秋冬作品

图1-2-9

4. X型礼服　X型是通过强调肩部和腰部、臀部和腰部宽度差异的一种廓型。X型礼服通常适度夸张肩部造型，强调腰部合体，并在下摆形成强烈的、扩张的视觉效果，以此来展现女性的性感妩媚（图1-2-9）。

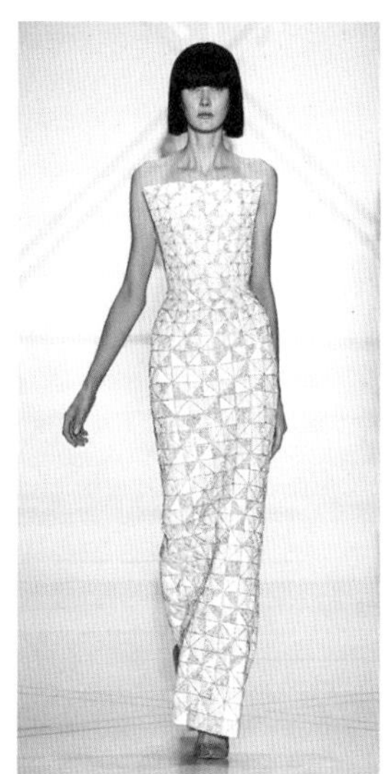

Ralph & Russo 2017年春夏作品　Chanel 2017年春夏作品　Alexis Mabille 2016年秋冬作品　Carolina Herrera 2009年春夏作品

图1-2-10

5. S型礼服　S型是通过体现女性胸、腰、臀部自然曲线的一种廓型，S型礼服通常在胸部和臀部适度合体，腰部略微收紧以实现女性窈窕的体形。S型礼服不同于X型礼服的夸张招摇，而是以含蓄的手法来展现女性特有的柔美、浪漫和典雅（图1–2–10）。

6. O型礼服　O型是一种外观呈椭圆形的造型，O型礼服往往通过夸张腰腹部造型，在肩部和下摆进行收缩来实现。O型礼服因为完全忽略了女性曲线，整体风格或者活泼可爱，或者个性十足。因为腰腹部要形成一定的空间造型，所以O型礼服大都通过面料肌理再造设计来营造廓型感（图1–2–11）。

7. 鱼尾型礼服　鱼尾型礼服和S型礼服一样线条流畅，但有别于S型的柔美典雅，往往裙摆更为夸张，以此强调女性玲珑的曲线，将浪漫、妖娆和性感发挥到极致（图1–2–12）。

8. 几何造型礼服　几何造型礼服的设计灵感源自于对几何图形的理解，几何艺术的空间感和抽象性使得几何造型礼服风格独特、艺术性强，极具视觉冲击力。几何艺术在礼服设计中的应用一般有三种方式：一是通过结构设计使礼服在廓型上呈现几何效果；二是通过面料、图案

Stephane Rolland
2011年春夏作品

Dior
2011年春夏作品

Agatha Ruiz de la Prada
2011年春夏作品

Alexander McQueen
2012年秋冬作品

图1-2-11

Georges Chakra 2016年作品

Ralph & Russo 2016年春夏作品

Versace 2011年春夏作品

Versace 2016年春夏作品

图1-2-12

及色彩的设计呈现几何艺术效果；三是通过面料再造手法使面料本身产生空间感，进一步体现礼服的艺术效果。几何艺术的实现因为手法多样，因此几何造型礼服也千姿百态、个性十足，尤其近几年3D打印在服装中的应用更使得几何造型服装受到格外的追捧（图1-2-13）。

9. *建筑造型礼服* 建筑因为流畅而硬朗的线条轮廓具有独特的气势和美感，给予服装设计师很多的创作灵感。建筑造型礼服即

Issty Miyake作品　Fausto Puglisi 2014年秋冬作品　Delpozo 2015年春夏作品

Royal Academy of Fine Arts in Antwerp学生作品　Iris van Herpen 3D技术作品

图1-2-13

是设计师从建筑的廓型、线条或细节出发，汲取要素应用到礼服的设计中去。建筑造型礼服和几何造型礼服有一定的相似之处，都是以点、线、面为设计要素，但二者又有一定的区别，几何造型礼服主要以突出几何图案为设计目的，建筑造型礼服则更注重于将建筑的线条细节或廓型与人体结合，在礼服的设计中更强调结构的变化（图1-2-14）。

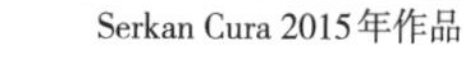

Serkan Cura 2015年作品

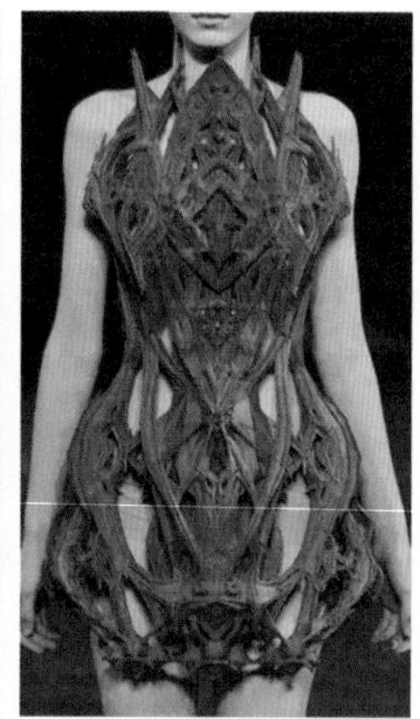

Iris Van Herpen 作品

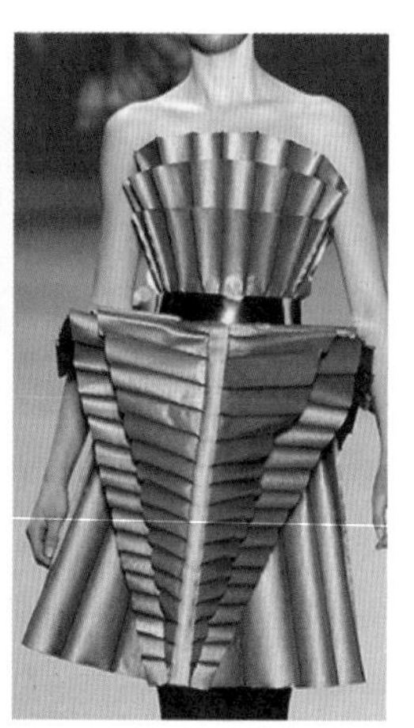

Viktor & Rolf作品

图1-2-14

第三节　立体造型工具准备

礼服突出的是款式上的独特性和唯美性，因此设计师往往会使用日常服中很少见的褶皱、堆积甚至交叉、缠绕等造型手段，这些造型由于用平面制图比较困难或需要反复修改，而立体裁剪直接在人台上造型，所见即所得，能有效地处理相对应的造型。从款式类型上看，礼服主要以贴合人体的上衣搭配裙子或连衣裙类为主，穿着礼服时的动作幅度比日常服要小，一般以展示女性的优雅气质为主，较多的礼服款式以无领、无袖或抹胸类的款式为主。因此，立体裁剪以其在人台上以较贴合人体躯干的方式能有效地将人台的立体曲面转化成平面裁片，实现礼服的造型。

与任何技术一样，立体裁剪也有它的专业工具。正如古语所说“工欲善其事，必先利其器”，在开始立体裁剪之前，准备好适用的、得心应手的工具，能有效地提高工作效率。

一、人台

立体裁剪是直接将白坯布或面料披挂在人台上进行服装造型的设计手段，所以人台是最重要的工具。

根据使用目的的不同，人台可以分成以立体裁剪为使用目的的专用人台和以展示陈列服装用的道具性质人台。立体裁剪用人台表面能够插入别针，并且规格尺寸与真实人体接近或相符。展示用人台表面为硬质材料，不能插入别针，在规格尺寸上常常夸大胸腰差和腰臀差以获得更好的展示效果。

根据类型来分，立体裁剪用人台又可以分为躯干型人台、下肢型人台和全身型人台。下肢型人台主要用于裤子的立裁；全身型人台可以兼用上装和下装，尤其是连身裤之类的立裁。其中使用最广泛的是躯干型人台。

根据色彩来分，人台有深色（黑色）和浅色（米色）之分。深色耐脏，浅色与肤色接近。本书以白坯布为材料，为了对比明显，选择了深色人台（图1-3-1）。

图1-3-1

根据GB/T 1335.2—1997的号型标准，目前多数服装企业采用160/84A作为服装的中码，因此选用84cm净胸围的人台，要求人台表面曲线起伏、形态优美，部位比例结构协调。

在开始立体裁剪前，一般先在人台上设置基准线。

1. **人台基准线的类型**　人台上的基准线从作用上看可以分成三类（表1-3-1）。

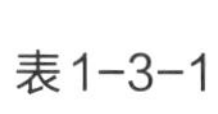

表1-3-1

分类	中文	英文	缩写
铅垂线（基准线）	前中心线	Center Front Line	CFL
	后中心线	Center Back Line	CBL
水平线（基准线）	胸围线	Bust Line	BL
	腰围线	Waist Line	WL
	臀围线	Hip Line	HL
	背宽线	Shoulder Blade Line	SBL

续表

分类	中文	英文	缩写
基础结构线	颈根线	Neck Line	NL
	肩线	Shoulder Line	SL
	臂根线	Arm Hole	AH
	侧缝线	Side Seam	SS
细分结构线	前公主线	Front Princess Line	FPL
	后公主线	Back Princess Line	BPL

（1）确保横平竖直的基准线：人台使用时首先就要保证基准线的准确性，如前后中心的铅垂线，胸围、腰围、臀围三围线的水平线，还有过人体背部最突出的肩胛骨位置的水平线。

（2）对应服装的基础结构线：通常服装通过肩缝和侧缝分解成前后衣片，通过袖窿分解成衣身和袖子，通过领圈分解成衣身和领子，所以需要设置基础的侧缝线、臂根线和颈根线作为参照。

（3）进一步细分服装块面的结构线：如前后公主线的设定能突出女性人体的曲线美，将人体躯干部位细分成前中片、前侧片、后中片和后侧片，每一片都呈现出胸、腰、臀三者的比例美感。立裁操作时通常会依据视觉效果去确定服装细部的比例形态，这时基础公主线就起到了参照线的作用。

2. **人台基准线的标记**　基于人台基准线的作用，其设置的好坏直接关系到以后的人台使用，应仔细认真地粘贴，切不能完全依照人台表面蒙布的拼缝线去粘贴，因为人台的蒙布工序是手工制作，会存在较大的误差，这些拼缝线只能作为参考，还是要按照基准线粘贴的要求去规范地操作，使铅垂线直顺，水平线平顺，曲线圆顺、流畅、对称美观。通过基准线的粘贴，还能帮助理解人体的立体体型特征（图1–3–2）。

（1）前中心线：人体前面的左右分界线，因此应是严格的铅垂线。从前颈点垂挂细线，下系重物，让其自然下垂，即可得铅垂线，用别针标记铅垂线的轨迹，沿着别针贴置色胶带。

图1–3–2

（2）后中心线：人体后面的左右分界线。同前中心线一样，从后颈点（第七颈椎点）垂挂获得铅垂线，用别针标记铅垂线的轨迹，沿着别针贴置。

（3）胸围线：经过左右胸高点的水平围线，首先确认左右胸高点的位置，然后可以借助细条松紧带，转动人台，调整松紧带使之水平环绕一周，沿松紧带用别针作标记，沿着别针贴置。

（4）腰围线：腰部最细处的水平围线。设置方法同胸围线。

（5）臀围线：臀部最丰满处的水平围线，一般在腰围线下量18~19cm处。设置方法同胸围线。

（6）背宽线：取后颈点向下10cm处的水平线。

（7）颈根线：在人体上是过第七颈椎点、侧颈点和前颈点的围线，在人台上可以看成是颈部与躯干部的交界线，注意线条圆顺，左右对称，形态优美。

（8）肩线：连接侧颈点与肩端点的直线。注意侧颈点在颈部正侧中点偏后的位置，肩端点在正侧肩端中点稍偏前的位置，需仔细确认这两点的位置。虽然肩线作为前后衣片在肩部的结构线，设置得偏前或偏后只是一个此消彼长的问题，但它会影响前后衣片的领圈尺寸、前后衣片的长度、前后袖窿弧线的长度等，作为基础结构线应设置在常规的位置上。

（9）臂根线：过肩端点、前后腋窝点绕臂根一周，注意人台腋窝的金属挡板只能作为参考，把握整体的臂根围度约为35cm，前腋窝凹势略大于后腋窝。

（10）侧缝线：从肩端点垂挂铅垂线作为参照，作为前后衣片在侧面的结构线，设置得偏前或偏后也只是一个此消彼长的问题，腋底点以下以视觉上的顺畅、美观为原则。

（11）前公主线：作为细分结构线，其具有装饰功能，要将人体的曲线美感充分地体现出来，即胸部丰满、腰部纤细、腹部微微隆起。从小肩宽的中点开始，经过胸高点稍向内弧到腰围线，稍向外弧到臀围线，自然竖直到底边，整条线美观、顺畅。分割后体现前中片和前侧片的比例美感。以前中心线为对称轴，粘贴另一侧的公主线。

（12）后公主线：后背部的体形不同于前胸，主要体现腰部纤细和臀部的厚实感即可。从小肩宽的中点开始，顺畅经过肩胛骨处并稍向内弧到腰围线，稍向外弧到臀围线，自然竖直到底边，整条线美观、顺畅，分割后体现后中片和后侧片的比例美感。以后中心线为对称轴，粘贴另一侧的公主线。

二、白坯布

立体裁剪用面料一般有两类：一类是服装的实际面料，另一类是替代用的白坯布。当然直接使用实际面料进行立裁可以避免使用替代面料而带来的差异性，保持服装的形态效果，是其优势所在。但其劣势也明显：一是实际面料的价格高，立裁过程中又不可避免地要裁剪去除一些余料，导致成本增高；二是如果实际面料比较厚或印染成深色，则无法透过布料看到人台上的基准线或款式线，影响到立裁的可操作性和准确性；三是实际面料上不能用铅笔作标记划线等，只能用手缝线作标记，影响工作效率。因此，一般只有在替代面料的某项性能（如悬垂性等）与实际面料差距甚远，且该性能对服装的成型效果具有关键性作用时，才不得不用实际面料来直接立裁。如后面章节中的斜丝垂荡类服装造型，由于白坯布的斜丝悬垂性能较差，无法替代真实面料，所以直接用真实面料来进行立裁。

白坯布是最常用的替代真实面料的立裁材料，它价格便宜，结构稳定，能透过布料看清人台上的基准线或款式线，易于操作使用，可直接用铅笔作标记划线，基本能满足各种服装的造型要求。在选择白坯布时，尽可能选择与实际面料厚薄、硬挺度风格等相近的品种，以减少对最终成品效果的影响。本书中的范例主要使用了四种布料，在厚度、密度、悬垂性等方面有一定的差异，如图1–3–3所示。

1. **布料丝缕的特征** 白坯布是由相互垂直的经纱和纬纱按照最简单的一上一下平纹组织织造而成的。平行于布边的纱线被称为经纱，而垂直于布边的纱线则被称为纬纱。在织造的过程中，通常是将经纱

中厚白坯布：比较厚实、紧密的白坯布，纹理清晰，质地稳定，适合制作大部分成衣、礼服、较为挺括的衣身部分及造型张扬的装饰部分，如波浪等。

轻薄白坯布：比较薄透、质地稀疏的白坯布，纹理清晰，经纱挺括但纬纱柔软，因而悬垂性较差，适合制作较为轻盈的礼服衣身、肌理较为丰富的装饰，如褶裥等。

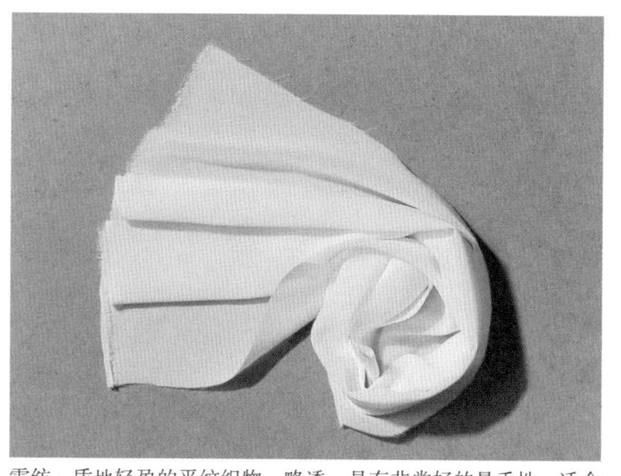

雪纺：质地轻盈的平纹织物，略透，具有非常好的悬垂性，适合制作垂荡、细腻丰富的波浪等。

亚麻布：质地比较轻盈的亚麻布，具有很好的悬垂性，适合制作轻薄的衣身、肌理丰富的装饰，适合斜裁。

图1-3-3

先在织机上牵引排列好，然后纬纱在经纱中来回穿梭织造形成织物。因此，相比而言，织物经纱方向的牢度好、挺括度好、伸展性低，而纬纱方向则牢度略低、挺括度略低、伸展性大。织物斜向则柔软、弹性大、易拉伸变形。在选择丝缕时，要利用面料丝缕方向的特性和差异。如需要挺括造型、防止拉伸的部位，可以选择经向丝缕。如前后衣身、裙身大多为经向。而需要形态柔和的部位则选择斜向丝缕，如衣领等。

图1-3-4是在一块白坯布上取得同样尺寸的经向、纬向和斜向面料，放置在人台上后得到的效果。理解三种不同丝缕方向的造型特

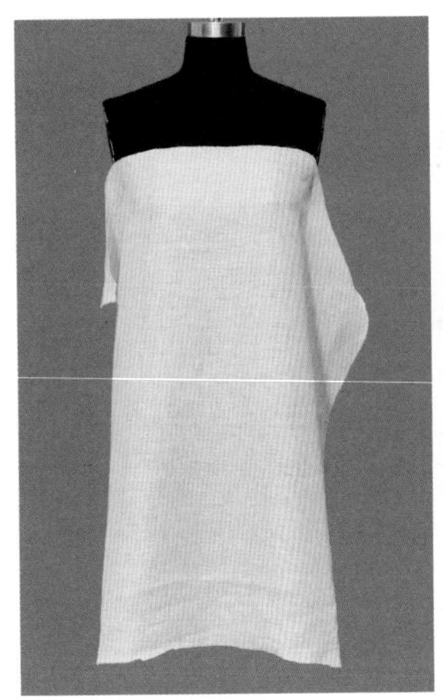

经向：经向丝缕的面料从胸高点到臀围线形成了两个明显的垂褶，两边的边缘线呈竖直状。

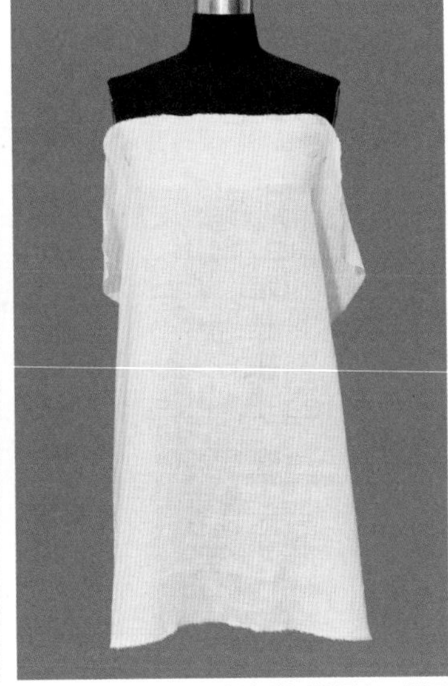

纬向：纬向丝缕的面料在臀围处展宽，侧面显得撑开。

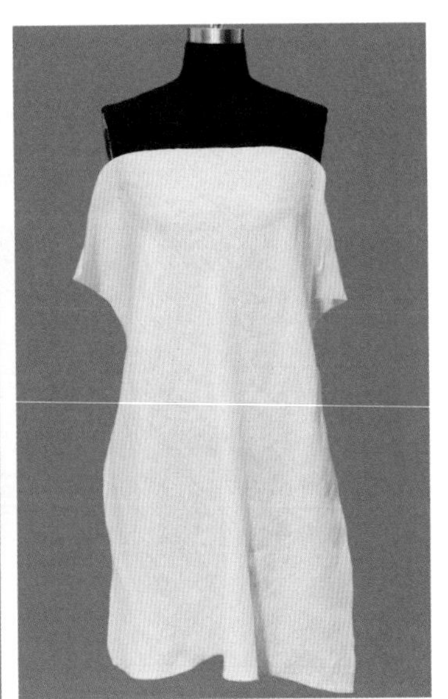

斜向：斜向丝缕的面料形成的垂褶相比而言显得更柔和，不像经向丝缕或纬向丝缕面料那样轮廓鲜明，两侧的边缘也柔软地垂挂下来。

图1-3-4

点，根据要求来选择丝缕方向（如垂荡类造型服装）对实现服装的立体造型非常重要。

2. **取料方式** 坯布的门幅两端是布边，布边在织造过程中由于要承受张力，它的组织结构和密度都不同于布料正身，会比布料正身更密、更硬，布边附近的纱线也会有所影响，为避免对服装外观的影响，要在取料时将布边处理掉。方法：用剪刀在距离布边约2cm左右处打剪口，然后用手撕掉布边。

除斜丝取料外，其余的沿坯布长度和宽度取料的方式都采用分别沿经向和纬向量取所需的尺寸后，打剪口后撕扯取料（图1-3-5）。这样撕扯取料比用剪刀直接剪更能保证切口处纱线的完整性。因为布料在织造、染整、包装等加工过程中不可避免地会受到各种外力的影响，使得原本相互垂直的经纱和纬纱发生变形，如出现纬斜等现象，导致面料的丝缕歪斜错位，因此即使从布边测量也不能获得与布边平行的纱线。然后为防止混淆经纬纱方向，建议沿经纱方向画一小段直线作为标记。

图1-3-5

3. **熨烫并归正丝缕**　所谓“归正丝缕”就是指将经纱和纬纱恢复到原始的相互垂直状态。方法是将布料对折，如果四角能两两对齐，说明经纬纱是相互垂直的；如果四角不能两两对齐，说明布料呈平行四边形状，则需将短对角线的两头轻微地拉伸使之伸长。布料表面熨烫去除皱痕，注意熨烫时要沿着经纱或纬纱的方向熨烫，不能沿着斜向熨烫，会引起变形。

三、其他工具和材料

立裁时应准备好专业工具材料，以提升操作质量和效率，一般常见的立裁工具如图1-3-6所示。

1. **别针**　在立体裁剪过程中需要用别针将坯布固定在人台上，衣片与衣片之间的组合也是借助别针固定后才能观察整体造型效果，并方便地进行调整。一般宜选用针头尖锐、针杆纤细、针长较短的别针，便于插别并减少对服装造型的影响。

2. **针插**　针插分为两种：一种安装底座可以平放在桌面，方便插放手缝针和大头针；另一种安装皮筋腕带，可以佩戴在手腕上，方便操作时随时插拔别针，提高工作效率。

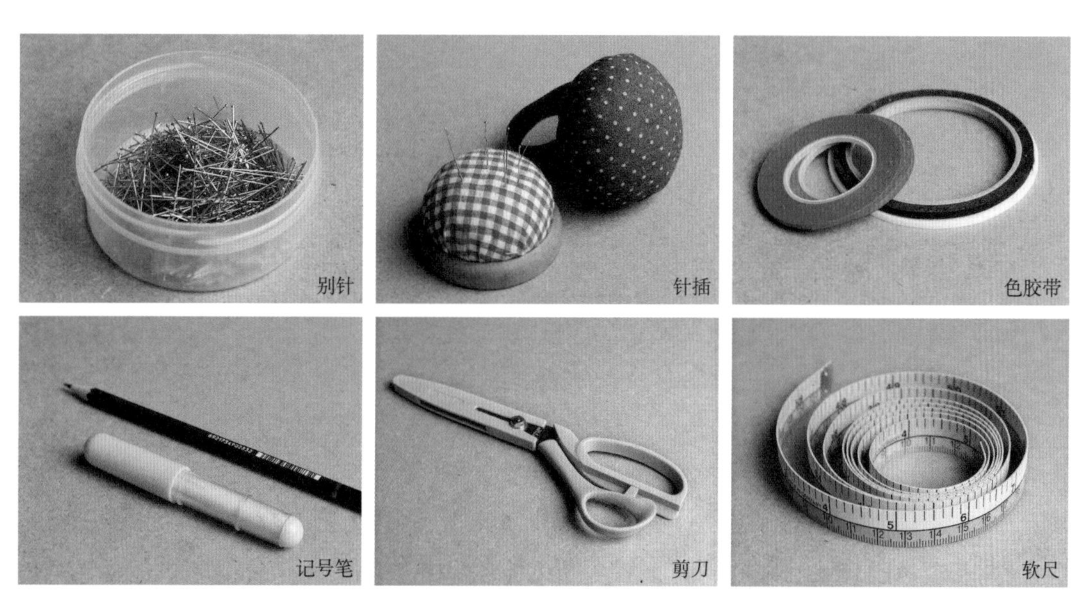

图1-3-6

3. **色胶带** 色胶带用于在人台上设置基准线和款式线。基准线的颜色要求是与人台表面对比反差明显，这样当坯布覆盖在人台上之后还能透过坯布看清。例如，黑色人台建议用白色或黄色胶带；米色人台建议用黑色或深蓝色胶带，胶带以窄为宜，以减少误差，在粘贴臂根线、颈根线等曲度较大的弧线时也会比较顺畅。

款式线是针对某一个款式一次性使用，一般选择与基准线有差异的色彩胶带以便于区分，也要与人台表面色差异明显。

4. **记号笔** 记号笔在立裁过程中作标记和连线用，如果用白坯布立裁，建议使用2B铅笔，可以在布料上划线清晰。另备一支彩色铅笔用于修改。如果用真实面料立裁，建议使用专用褪色笔。

5. **剪刀** 主要用于裁剪面料的剪刀，应和裁剪纸样的剪刀区分开。

6. **其他** 其他立体裁剪工具还有放码尺、软尺、曲线尺、熨斗、手缝针线等。

思考与练习

1. 礼服与日常服的差异体现在哪些方面？请举例说明。
2. 了解并介绍一位自己喜爱的设计师并分析其代表性礼服作品。
3. 礼服的穿着场合不同对其造型设计有什么影响？
4. 粘贴人台的基准线并测量关键部位尺寸。
5. 面料丝缕对服装成型效果有什么影响？
6. 为什么取料时要去除布边？

第二章

胸衣的立体造型

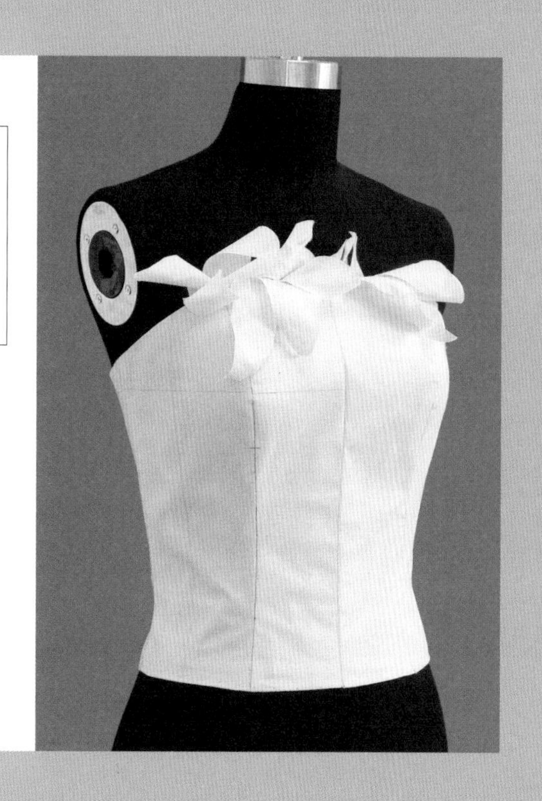

课题名称：胸衣的立体造型

课题内容：1. 胸衣的发展

2. 公主线绑带胸衣

3. 多分割碎褶胸衣

课题时间：4课时

教学目的：简要阐述胸衣的发展历史及变化，以代表性胸衣为例详尽说明如何实现紧身胸衣的立体造型，使学生掌握紧身胸衣的表里布立裁方法、鱼骨的使用和缝制工艺

教学方式：讲授与练习

教学要求：1. 让学生了解胸衣在塑造女性胸部体型特征方面的历史

2. 使学生掌握紧身胸衣的立体裁剪技法

3. 使学生掌握利用胸垫、鱼骨等辅料实现胸衣塑形的方法

第一节 胸衣的发展

胸衣在西方女性服装发展史上具有重要的地位，其人为化地塑造了女性胸、腰部形态。最早的紧身胸衣可以追溯到中世纪的拜占庭，女性因参加骑马等活动的需要，开始用绳带勒紧衣服，其材质一般是布料、麻衬和鲸须。

16世纪的西班牙风女性（1550~1620年）在使用法勤盖尔裙撑夸张下半身的同时，在上半身使用束腰的紧身胸衣“巴斯克依”（Basquine，嵌有鲸须的无袖紧身胴衣）来整形，强调女性的细腰之美。

女性的腰身也被紧身胸衣勒得越来越细，甚至出现了铁制胸衣。这种铁甲似的胸衣分前后左右四片，片和片之间以合页连接，也通过合页松绑，可将腰收至33cm（图2-1-1）。

1577年前后，出现一种“苛尔·佩凯”（Corps Pique）的紧身胸衣，其特征是用两片以上的亚麻布纳在一起，中间还常加薄衬，很厚硬，为保持形状和达到强制性束腰的效果，在前、侧、后的主要部分都纵向嵌入鲸须，前部中央下面的尖端用硬木或金属制成，胸衣的开口在后部或前部的中央部位，用绳或细带系紧。苛尔·佩凯的下缘内侧有钩扣或细带以连接下面的法勤盖尔裙撑，外侧有垂下的饰布。

18世纪的胸衣，倒三角轮廓变成了圆锥轮廓，支撑胸乳，拉伸肩背，使用丝绸面料（图2-1-2）。乔治王时代（1714~1830年）的紧身胸衣追求的是扁平化的效果，将人体

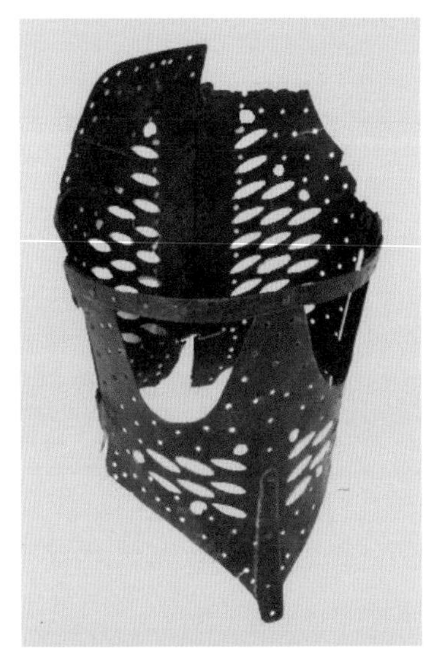

图2-1-1

的上半身塑造成管状（图2–1–3）。

维多利亚时代（1837~1901年）的紧身胸衣发展到顶峰，延长到腰部以下，追求性感的效果，把身体塑造成沙漏形（图2–1–4）。

现代胸衣则大多不以功能为目的，而是作为装饰效果，通过骨条、钢圈等材料作为骨架，凸显胸部、腰部、锁骨等的美感。如图2–1–5是麦当娜1990年巡演中穿着的锥形紧身胸衣。

图2–1–2

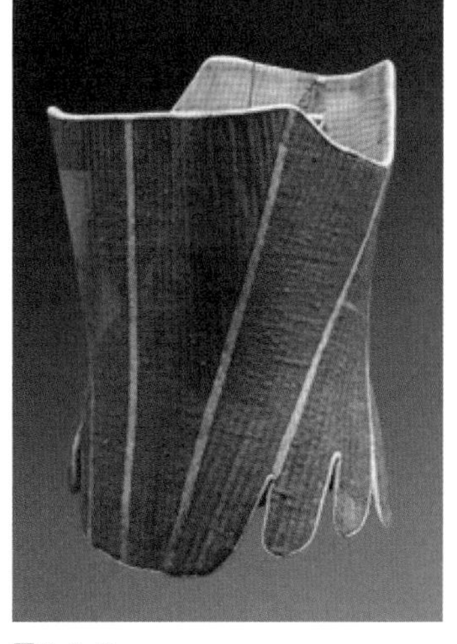

图2–1–3

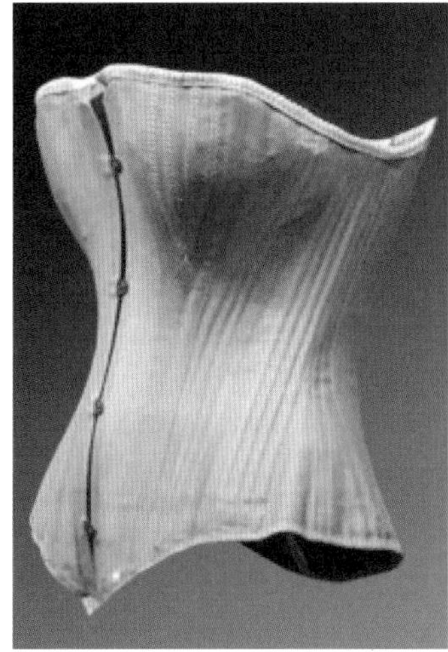

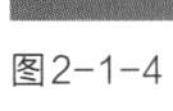

图2–1–4

图2–1–5

第二节　公主线绑带胸衣

一、款式分析

此款胸衣结构相对简单，采用常规的前、后公主线分割，上止口线前高后低，前面的最高处约在胸高点以上8cm处，后面的最低处低至胸围线。下止口线呈水平状，约在腰围线以下5cm处。上止口线处的装饰使视觉丰富。这样的胸衣通常与宽大的裙摆搭配形成对比，突出穿着者的纤细腰围（图2–2–1）。

二、粘贴款式线

为了使线条清晰，本书中的款式线在保留必要的人台基础线后贴出。如此款的相关人台基础线为胸围线、腰围线、侧缝线和前后中心线，需粘贴的款式线有上止口线、下止口线和前后公主线，粘贴时需注意曲线顺畅，公主线体现胸腰比例（图2–2–2）。

图2–2–1

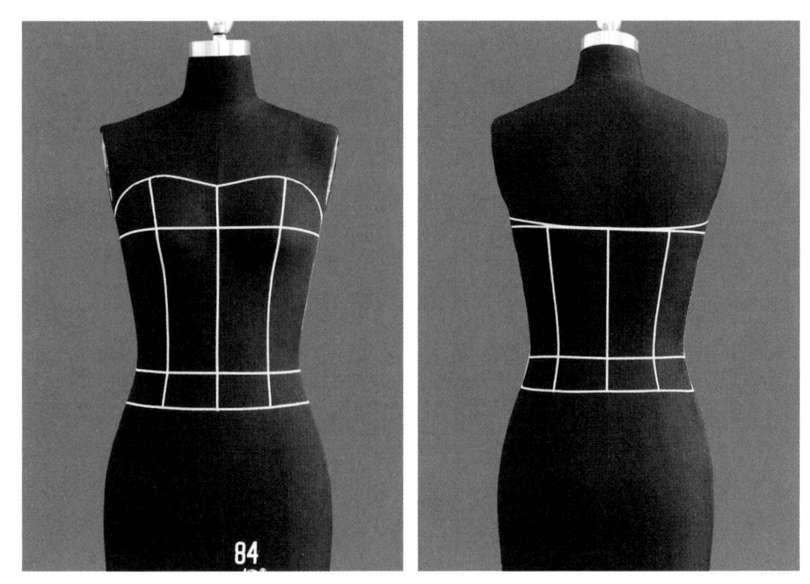

图2-2-2

三、面料准备

共需准备四块面料，尺寸如图2-2-3所示。在各块坯布上绘制基础线。

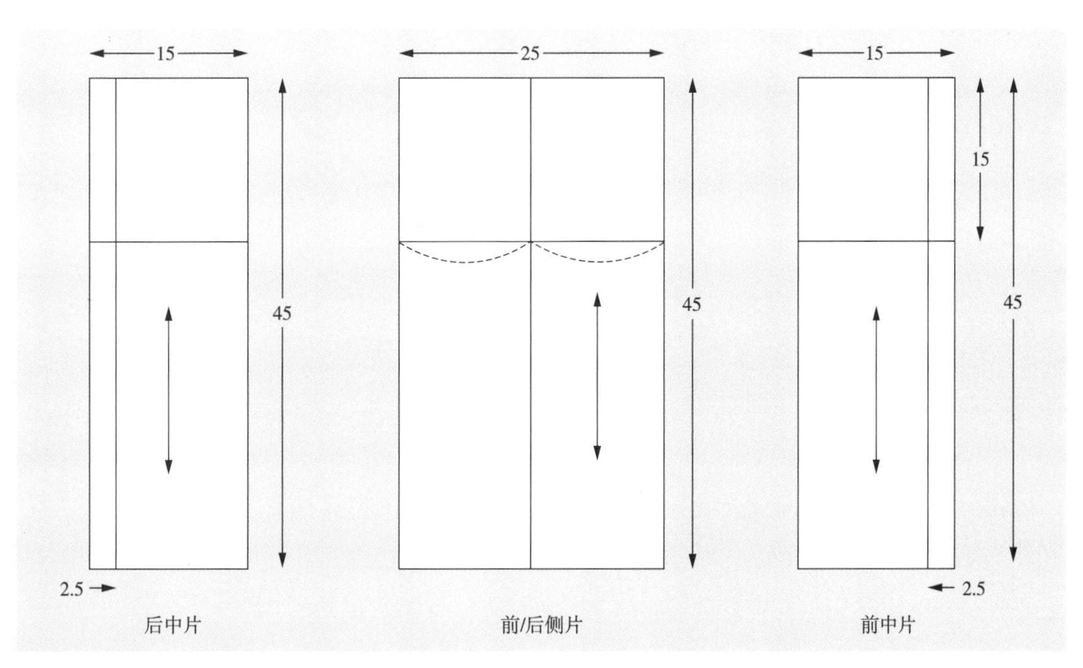

图2-2-3

前中片：距右侧布边2.5cm作经向丝缕线为前中心线，距上边缘15cm作纬向丝缕线为胸围线。

前侧片：距左右布边中心位置作经向丝缕线为经向辅助线，距上边缘15cm作纬向丝缕线为胸围线。

后中片：距左侧布边2.5cm作经向丝缕线为前中心线，距上边缘15cm作纬向丝缕线为胸围线。

后侧片：距左右布边中心位置作经向丝缕线为经向辅助线，距上边缘15cm作纬向丝缕线为胸围线。

四、立体制作

1. **固定前中片与前侧片** 将前中片坯布上的胸围线与人台的胸围线对齐，分别在前中心线与上止口线、胸下围线、腰围线、下止口线处插针固定；将前侧片的胸围线与人台的胸围线对齐，前中心线与胸围线的交点对准人台的对应位置，用别针固定。前中心线保持垂直，为使腰部更自然地贴合人体，在侧片腰部的中心线位置别出一个腰省（图2-2-4）。

2. **别取前公主线** 沿公主线拼合前中片与前侧片，可先拼合几个关键点：公主线与上止口线的交点、胸高点、公主线与腰围线的交点，然后将整条公主线顺畅地别出来。因为胸部的立体形态，从胸高点到腰围线这段需要在外侧余布上均匀地打剪口，才能自然、不紧绷（图2-2-5）。

3. **固定后中片和后侧片，别取后公主线** 将后中片、后侧片用同样的方式固定在人台上后，沿后公主线拼合，余布适当地打剪口，使自然贴合人体。后侧片在腰部的中心线位置上别出腰省。止口线上方留出适当余布后修剪（图2-2-6）。

4. **完成里布的立体裁剪** 将前中片、前侧片、后侧片和后中片沿款式线做好标记，在每片的腰节线处做好对位记号，前中片与前侧片的公主线在胸高点上下各5cm处做好对位记号，将坯布从人台取下后连线，注意线条的顺畅，沿净样线放出1cm缝份后即为里布

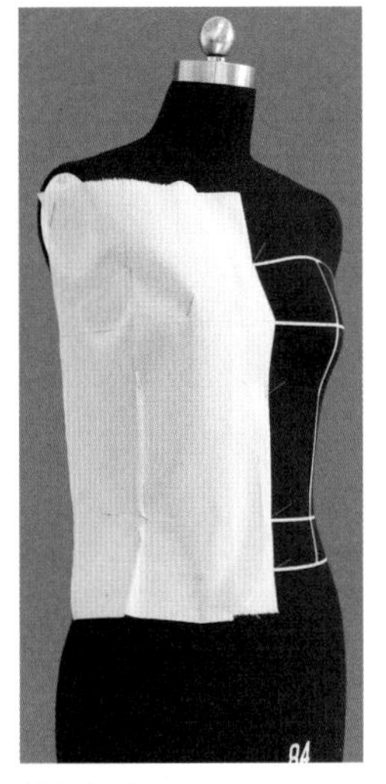
图2-2-4

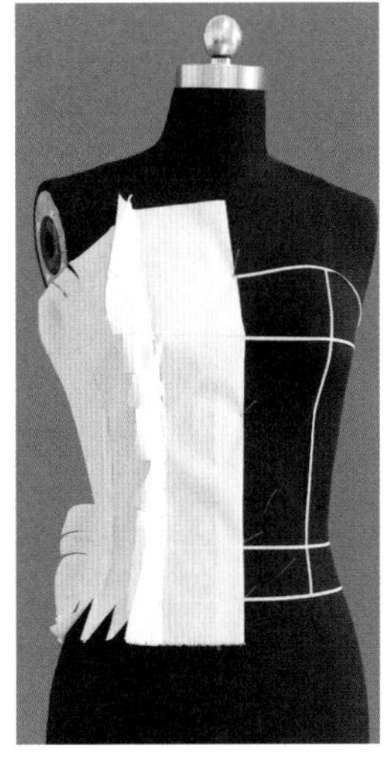
图2-2-5

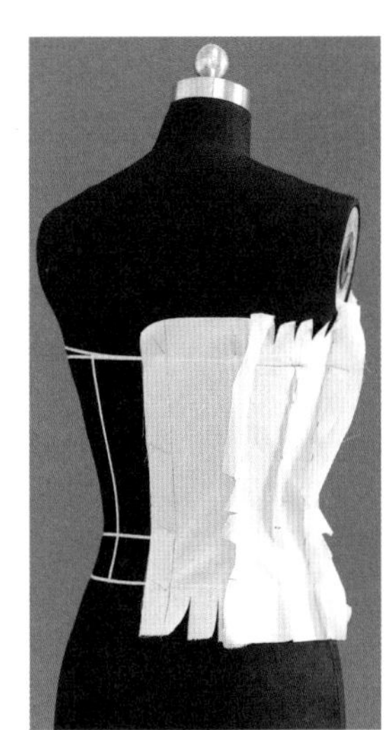
图2-2-6

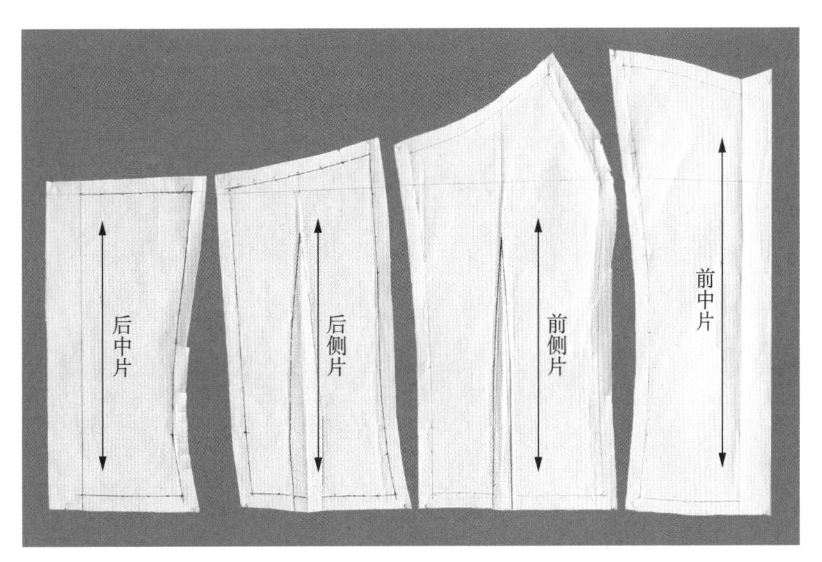

图2-2-7

（图2-2-7）。

5. **检查里布的立体效果**　将前中片、前侧片、后侧片和后中片别合后放回人台检查立体效果，如需修正可微调。以缝份朝外的方式缝合里布各片（图2-2-8）。

6. **固定胸垫**　胸垫在胸衣中起到使乳房圆润、胸部丰满高挺、修饰胸形的作用。将胸垫放置在胸部，注意位置高低和左右对称，用手针固定在里布的前中心线、前公主线的缝份上（图2-2-9）。

7. **确定鱼骨的缝制部位** 首先确定鱼骨的使用部位，如图2-2-10所示，将硬质的鱼骨放置在各条拼缝线的位置，即后公主线、侧缝线、前公主线和前中心线，全身共7条。除前公主线从胸垫以下约

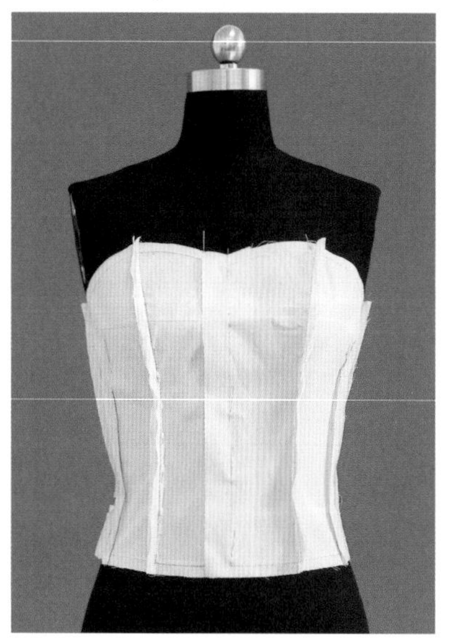

图2-2-8

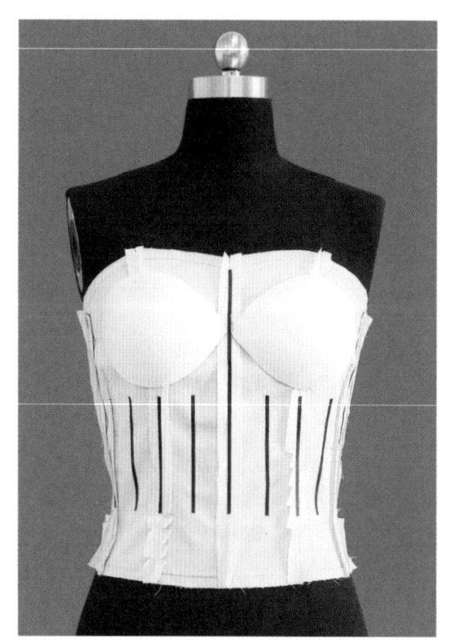

图2-2-9

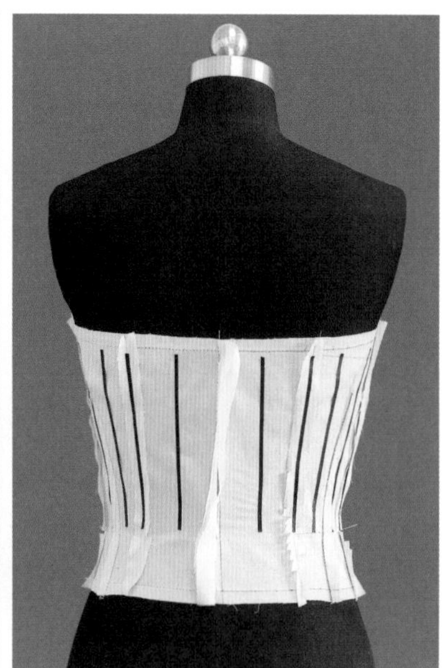

图2-2-10

Tips >>>

鱼骨起到支撑的作用，为使支撑作用均衡，这件胸衣采用了两种材质的鱼骨：
①需要制作布套的鱼骨；
②可以直接缝制的鱼骨。

2cm处起始至腰围线上1cm处，其余部位均从上止口线以下约2cm至腰围线处上1cm使用鱼骨。在每两根硬质鱼骨之间增加一根材质稍软的可直接缝制鱼骨。

8. **缝制鱼骨套，固定鱼骨**　量取所需鱼骨的长度后，制作相应的鱼骨套。鱼骨套的宽度应比鱼骨两侧各宽0.3cm，以方便缝制到胸衣上；长度应比鱼骨两端各长1.5cm，将鱼骨放进布套后将两端翻折进行封口（图2-2-11）。

9. **缝制鱼骨**　将可直接缝制的鱼骨直接按照所需长度剪裁后，辑缝在相应的部位上（图2-2-12）。

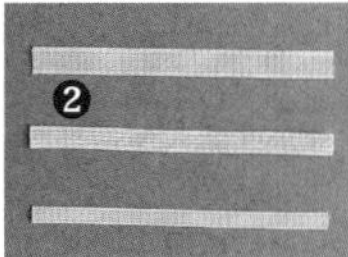

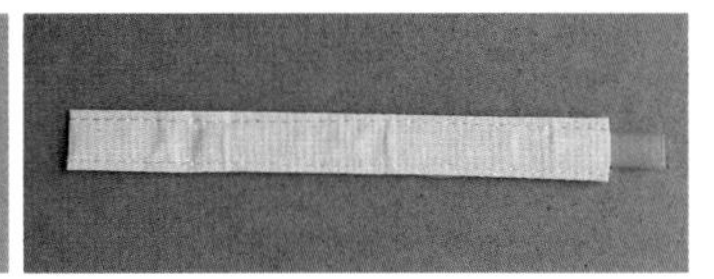

图2-2-11

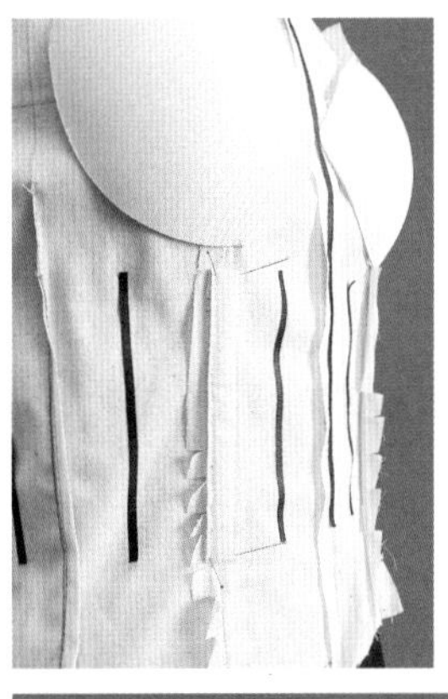
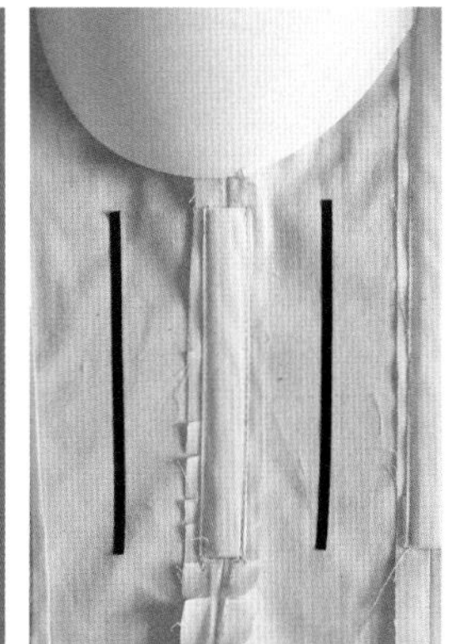
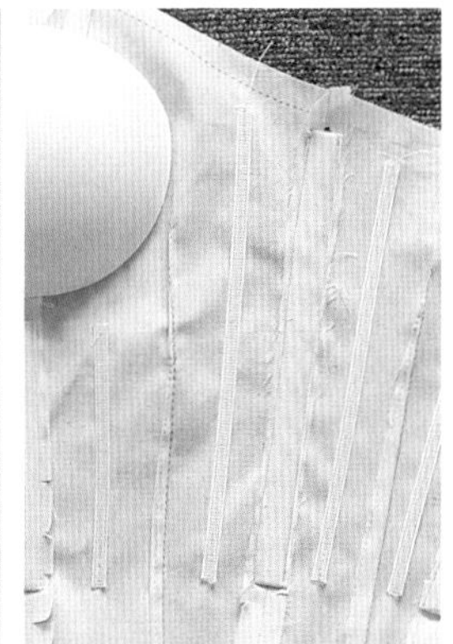
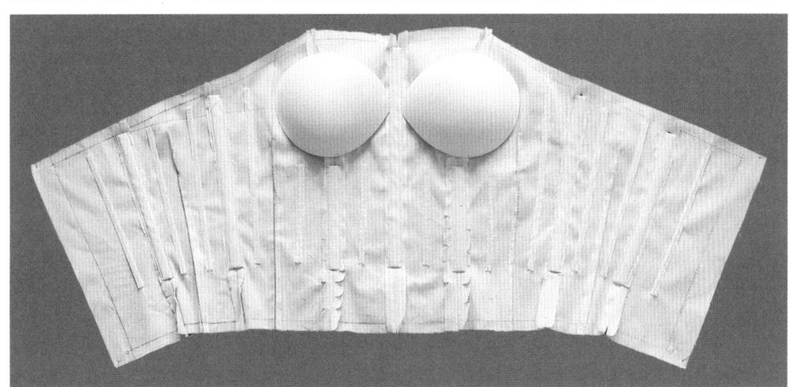

图2-2-12

10. **缝制腰部绑带** 按照人台的腰围尺寸，加上打结长度后作为腰部织带的长度，将织带缝制在里布的腰围线上（图2-2-13）。

11. **制作胸衣面布** 在胸垫上重新粘贴好水平的胸围线以便于后续的立裁操作。将面部的前中片、前侧片、后侧片和后中片用相同的方式完成立体裁剪，注意侧片上无需省道；获得面布的裁片，注意由于胸部有胸垫的存在使得胸部的立体形态更加丰满，前中片和前侧片在此部位拼合时应更圆润（图2-2-14）。

12. **完成上止口处的装饰** 在面部和里布的上止口线处加入叶子状的装饰片（图2-2-15）。

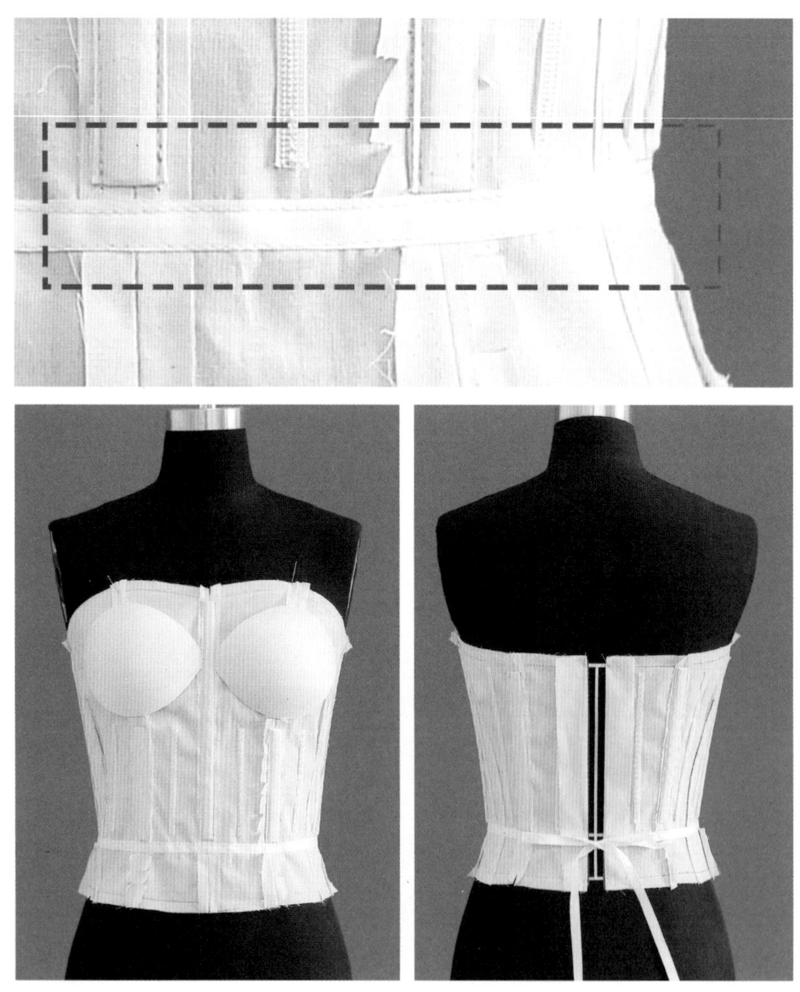

图2-2-13

13. **完成后中绑带**　在左右两片后中片上打上气眼，以左右交叉的方式穿好绑带（图2-2-16）。

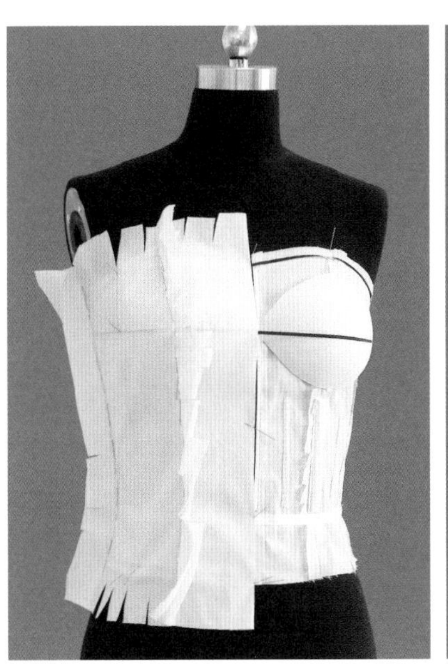
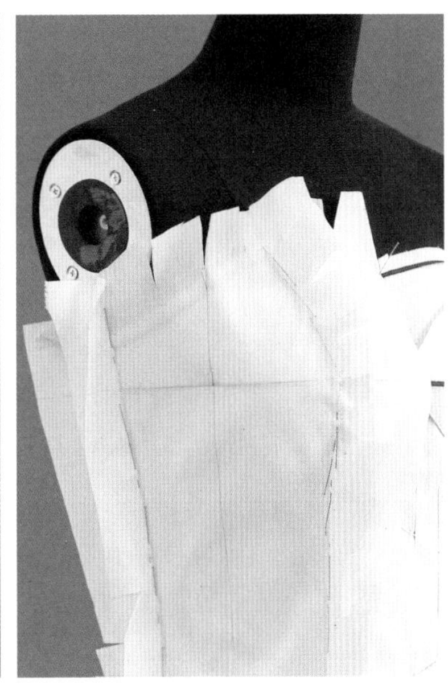

图2-2-14

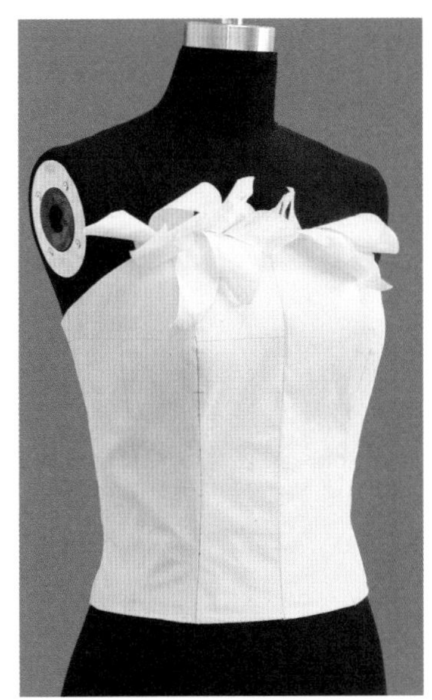

图2-2-15

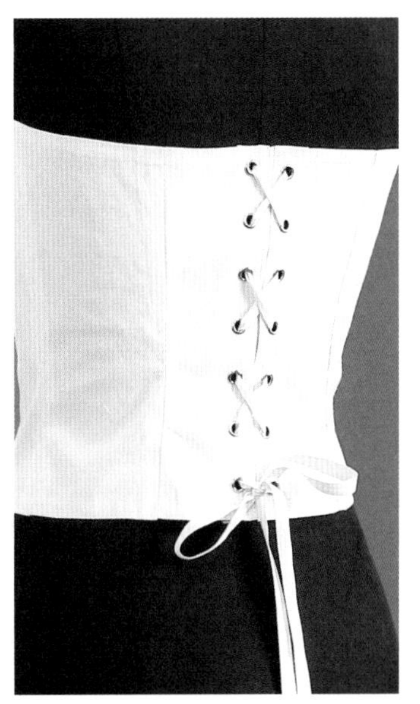

图2-2-16

第三节　多分割碎褶胸衣

一、款式分析

此款胸衣采用纵向的多条分割线配合稍稍扩张的侧面下摆，在视觉上突出了腰部的纤细。胸部的局部块面装饰有细褶，整体丰富、有层次感（图2-3-1）。

此款只介绍面布的立体造型制作，里布的制作方式和鱼骨的固定位置和方式可参考上一节公主线胸衣。在人台上固定好胸垫，开始制作面布。

二、粘贴款式线

此款胸衣分割线众多、弧线变化丰富，款式线的粘贴是否美观、比例协调尤其重要，在粘贴时可以先分割大块面，然后再细分块面。纵向的线条可以通过确定几个关键点，如上止口线上的起点、经过胸围线和腰围线形成的各块面相对比例大小，来帮助确定位置，然后再用顺畅的线条粘贴。可从远处观察各条线条是否美观顺畅（图2-3-2）。

三、面料准备

因为块面分割多，为表达清楚，采用编号的方式来命名。前衣片共六片，后衣片共四片。各片取料时在人台上量取该片铅垂方向的最长处，再加上下各约5cm的余量，即

图2-3-1

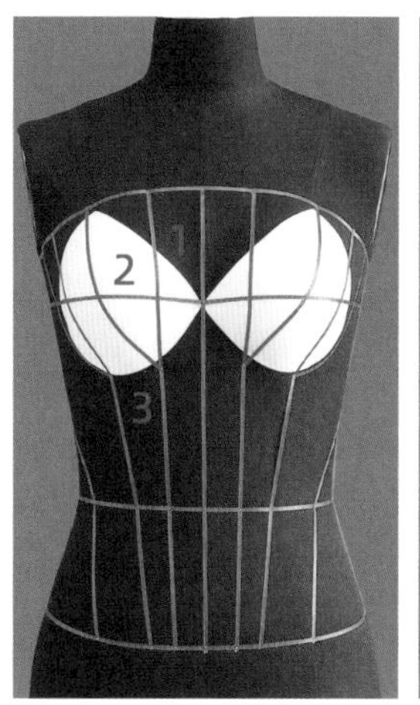

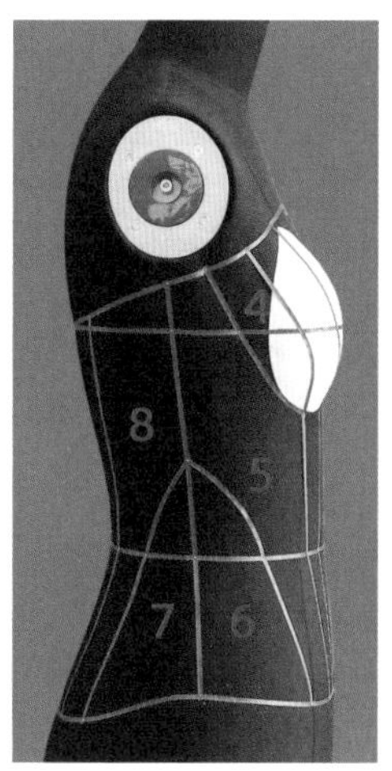

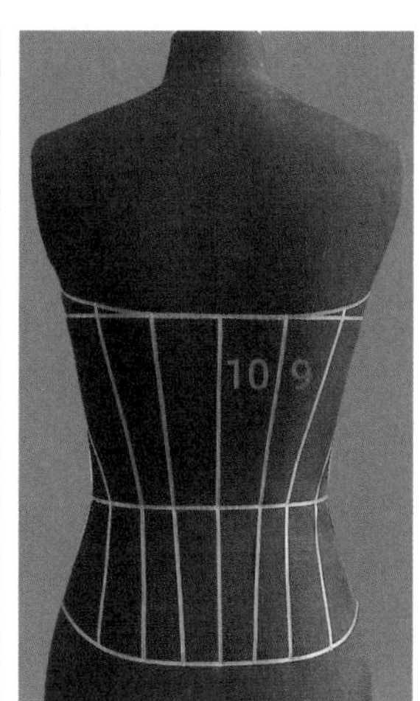

图2-3-2

为该片坯布的长度；在人台上量取该片水平方向的最宽处，再加上左右各约5cm的余量，即为该片坯布的宽度。水平丝缕线各片都取胸围线，铅垂丝缕线前中片和后中片取距布边2.5cm，其余各片取中心线。（图2-3-3）。

四、立体裁剪

1. **固定第一片**　将坯布上的前中心线、胸围线与人台上的相应线条对齐后固定，在前中心线上的上止口线处、胸下围线、腰围线、下止口线处固定（图2-3-4）。

2. **固定第二片**　将坯布上的胸围线与人台上的胸围线对齐，前中心线居于人台上该片的中心位置，保持坯布丝缕的横平竖直后，沿款式线边缘固定，注意要自然、不紧绷（图2-3-5）。

3. **固定第三片**　同第二片的固定方式相同，使坯布上的基础线与人台上的线条相对应，保持坯布丝缕的横平竖直（图2-3-6）。

4. **别合第二片与第三片**　根据缝制的前后顺序，应先将第二片与第三片别合。适当修剪余布，保持两片布料的丝缕状态不变后，将两片沿分割线别合，由于胸垫使胸部丰满立体，需在余布上均匀打剪口后别合，使分割线处不紧绷。将第三片胸部以下部位沿左右的款式

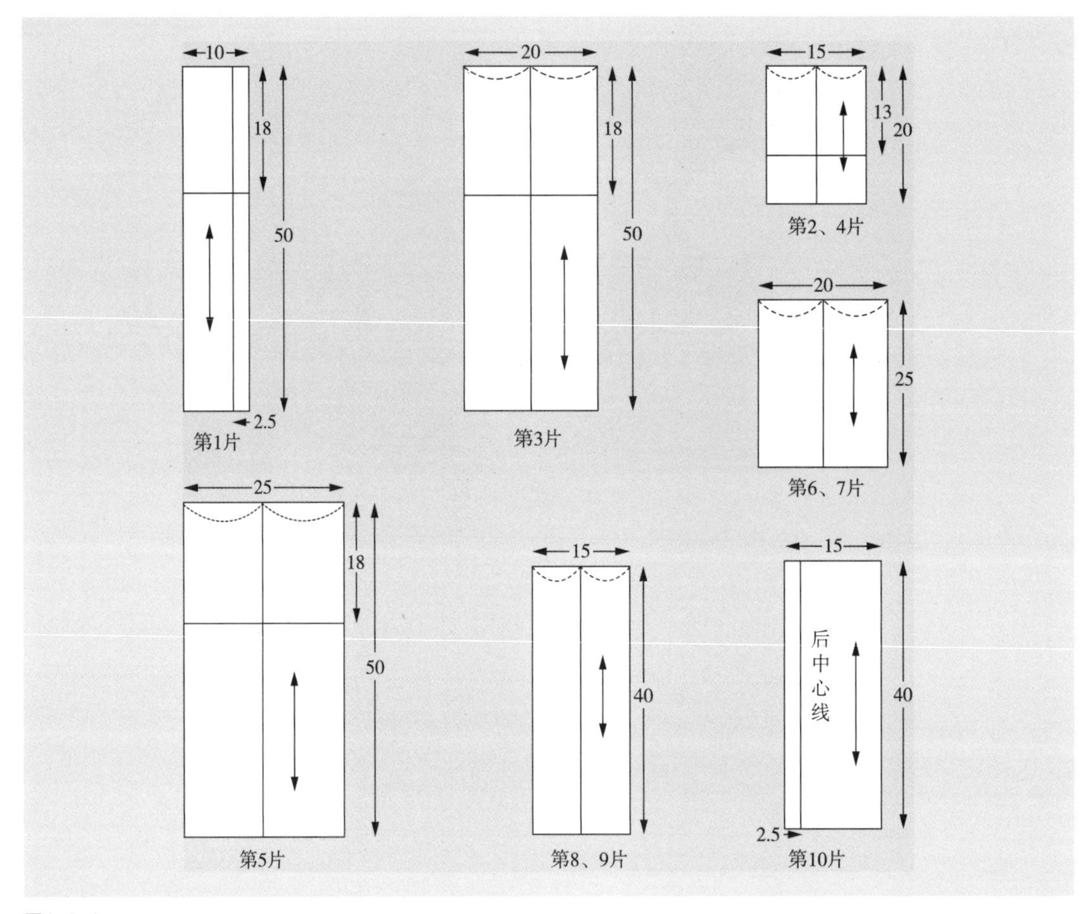

图2-3-3

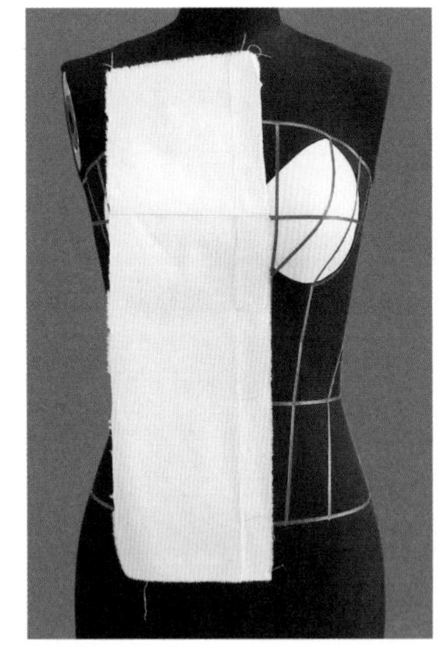

图2-3-4

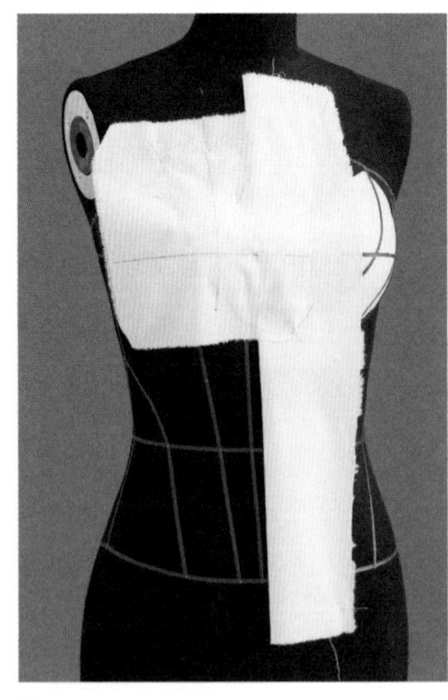

图2-3-5

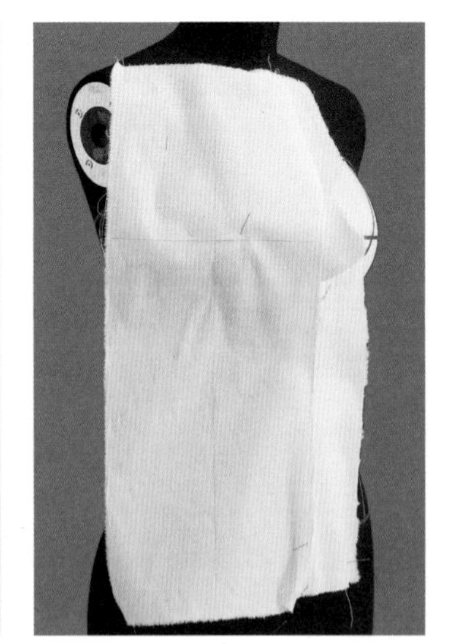

图2-3-6

线在腰部和下止口处固定（图2-3-7）。

5. **别合第一片与第二、第三片**　沿着款式线别合，此线条较直，适当修剪余布并打少量剪口即可（图2-3-8）。

6. **立体制作其余各片**　同理在人台上以水平和垂直的方式分别量取第四至第十各片的长度和宽度后加上余量，作为各片的坯布尺寸后取料，与人台上的对应位置对齐后固定，将相邻两片沿款式线别合，不紧绷。注意立体制作的顺序，应先完成第四片与第五片的分割线别合后，再将第三片与它们的分割线别合。完成第五片与第六片的别合。后片则依次完成第七至十片的别合。最后完成第五、第六片与第九、第十片组合成的侧缝线，注意侧缝线在腰部以下呈稍外扩的造型，整条侧缝线顺畅。

7. **获得各片的净样并放缝**　将第一到第十片在人台上沿分割线做好标记以及必要的对位记号，如胸部、腰部，从人台上取下后连接成顺畅的净样线，放缝1cm后即为各裁片（图2-3-9）。

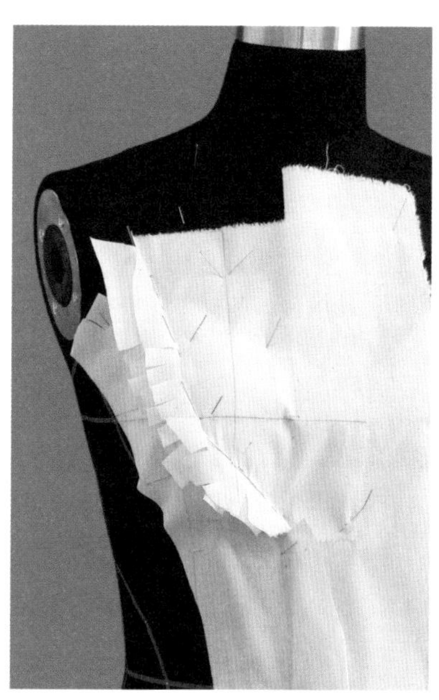

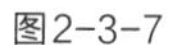

图2-3-7

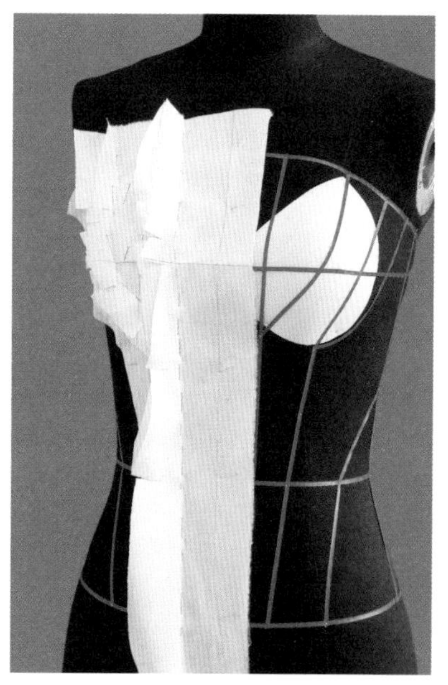

图2-3-8

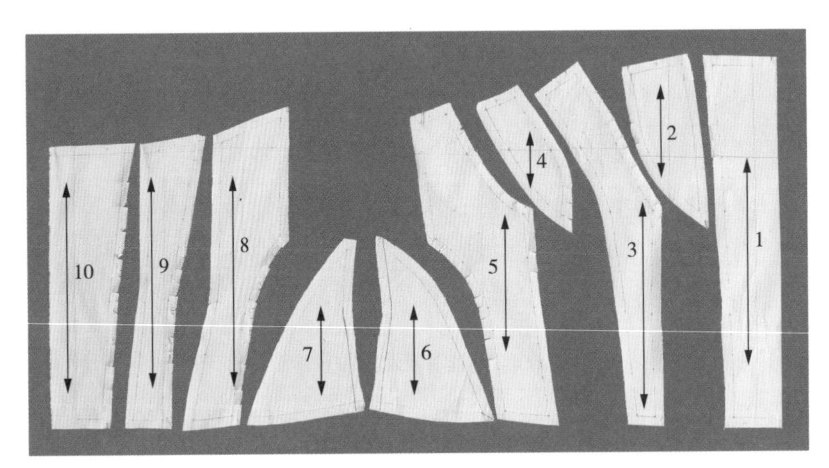

图2-3-9

再按照立裁时的顺序将所有裁片别合，如先别合第二、第三片后再与第一片别合，将所有衣片别合后放回人台检查其立体效果（图2-3-10）。

8. **抽褶装饰片的取料**　如款式图中所示，第二片和第四片的区域表面有碎褶的装饰效果，因此刚才完成的是起到保型作用的裁片，还需取料完成表面的装饰片。因为碎褶效果细密，需要面料柔软，因此采用薄软型坯布来做此碎褶装饰片。以原第二片的取料（长20cm、宽15cm）为参照，宽度不变，长度需约为原来的2.5倍取料，即长约

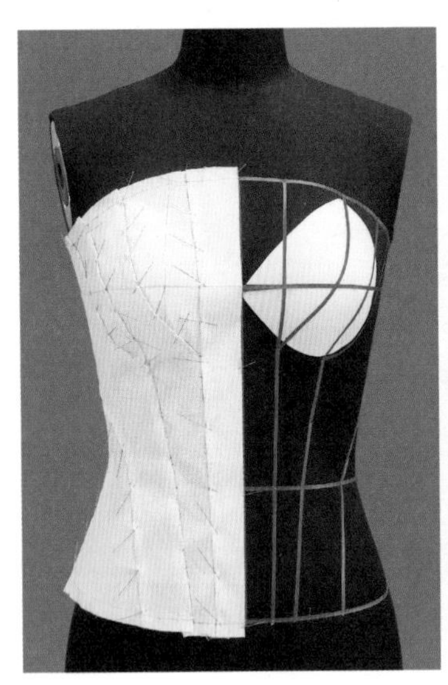
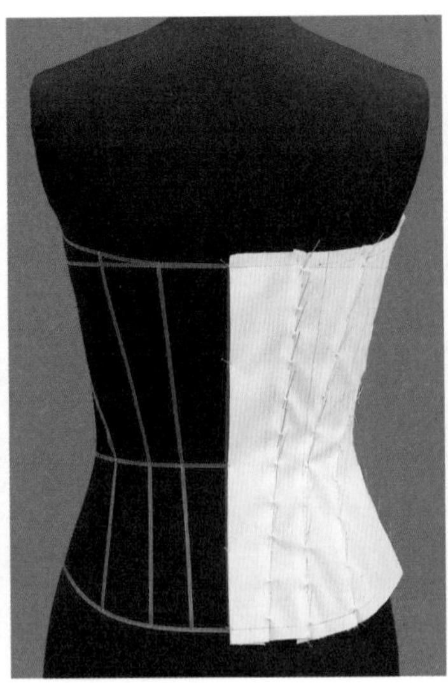
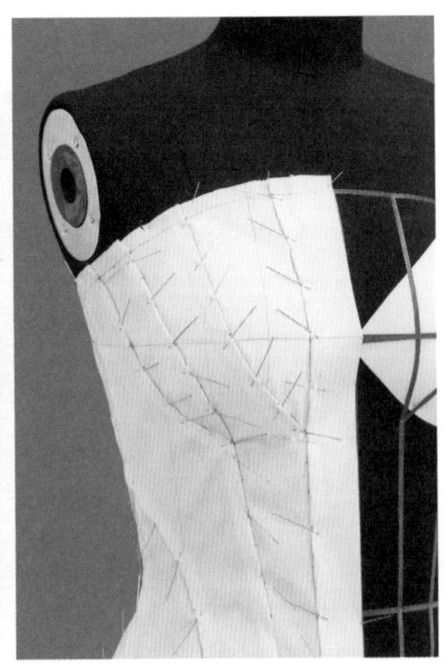
图2-3-10

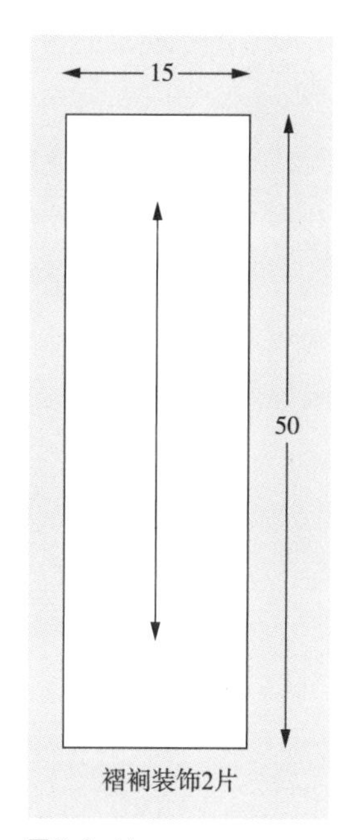

图2-3-11

50cm、宽为15cm（图2-3-11）。

9. **抽褶装饰片的立体制作**　保持坯布的横平竖直状态固定在人台上，从上止口线开始，沿着两侧的分割线，向上推出细腻的碎褶效果，并用针固定。在人台上做碎褶造型的优势就在于可以边观察碎褶效果边调整碎褶量，使碎褶均衡、不死板。直至完成整个块面的碎褶形态。第四片的区域也用同样的方式获得美观均衡的碎褶（图2-3-12）。

10. **完成碎褶片的保型**　将碎褶装饰片在人台上沿分割线外侧0.3~0.5cm处用倒回针的方式固定住，从人台上取下，与原第二片缝合后，修剪余布（图2-3-13）。

11. **检查整体立体效果**　将所有衣片和碎褶装饰别合起来放回人台检查效果（图2-3-14）。

12. **装上后中钩环**　此款胸衣后中用钩环带作为闭合方式，在后中的左右两片上分别缝上钩带和环带，注意第一个钩环的位置需靠近上止口线（图2-3-15）。

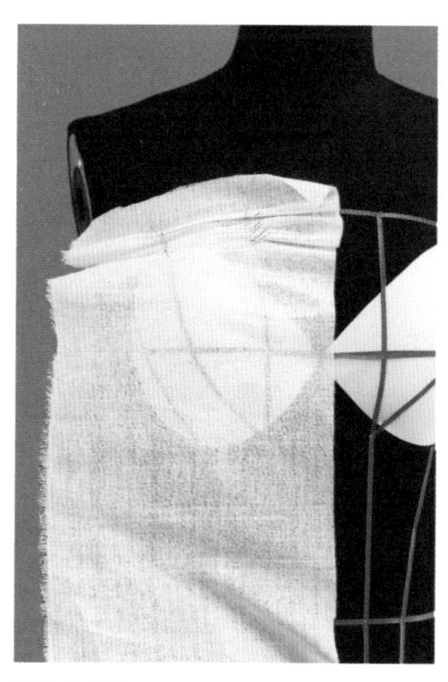
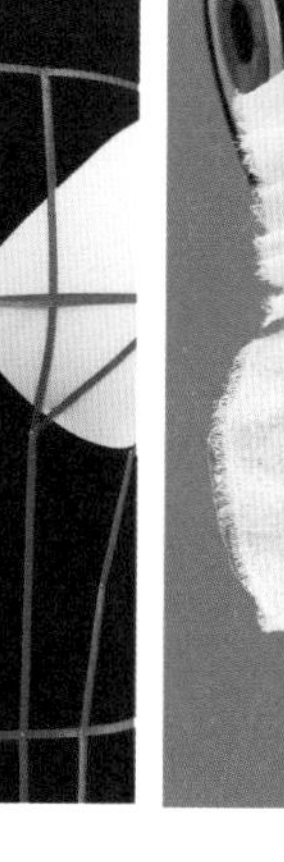
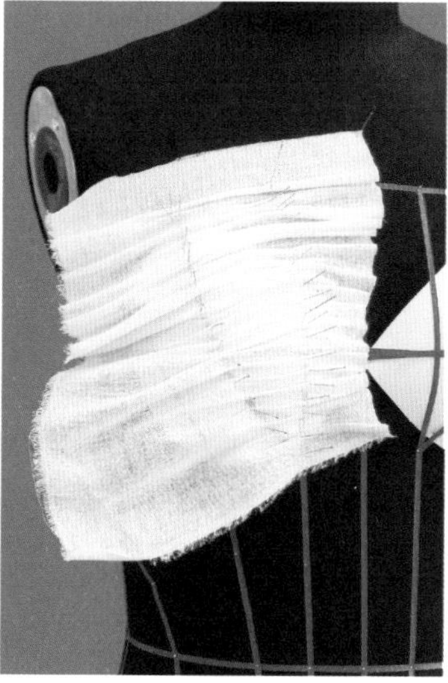
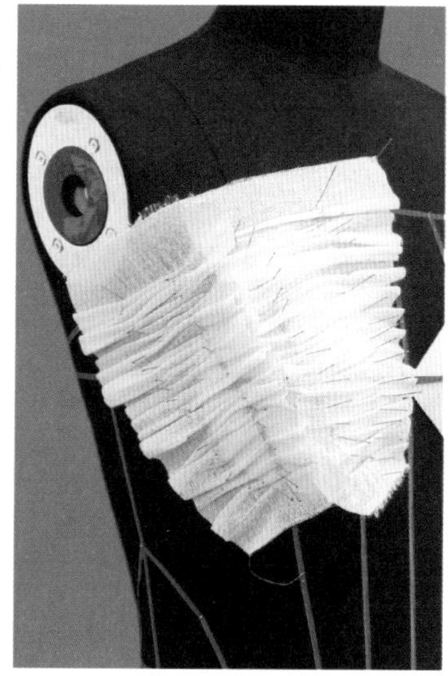

图2-3-12

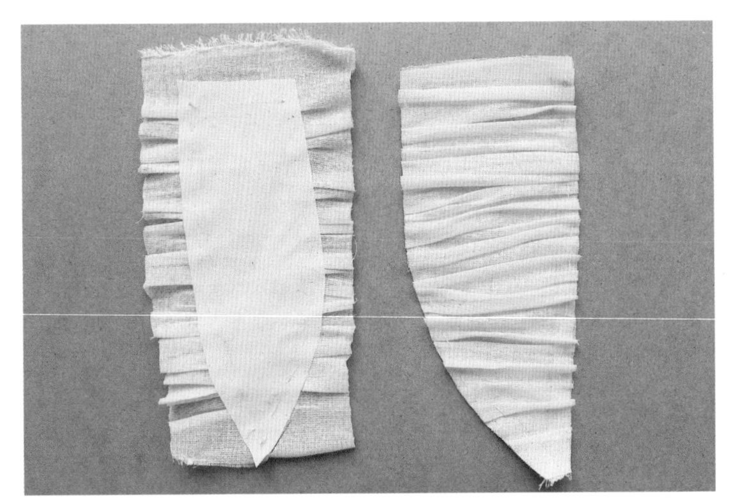
图2-3-13

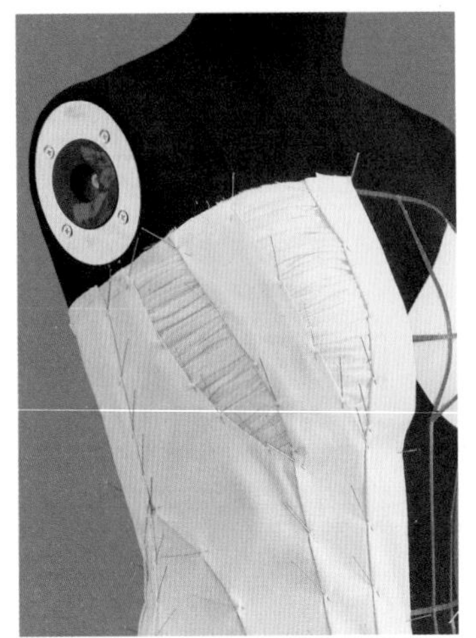
图2-3-14

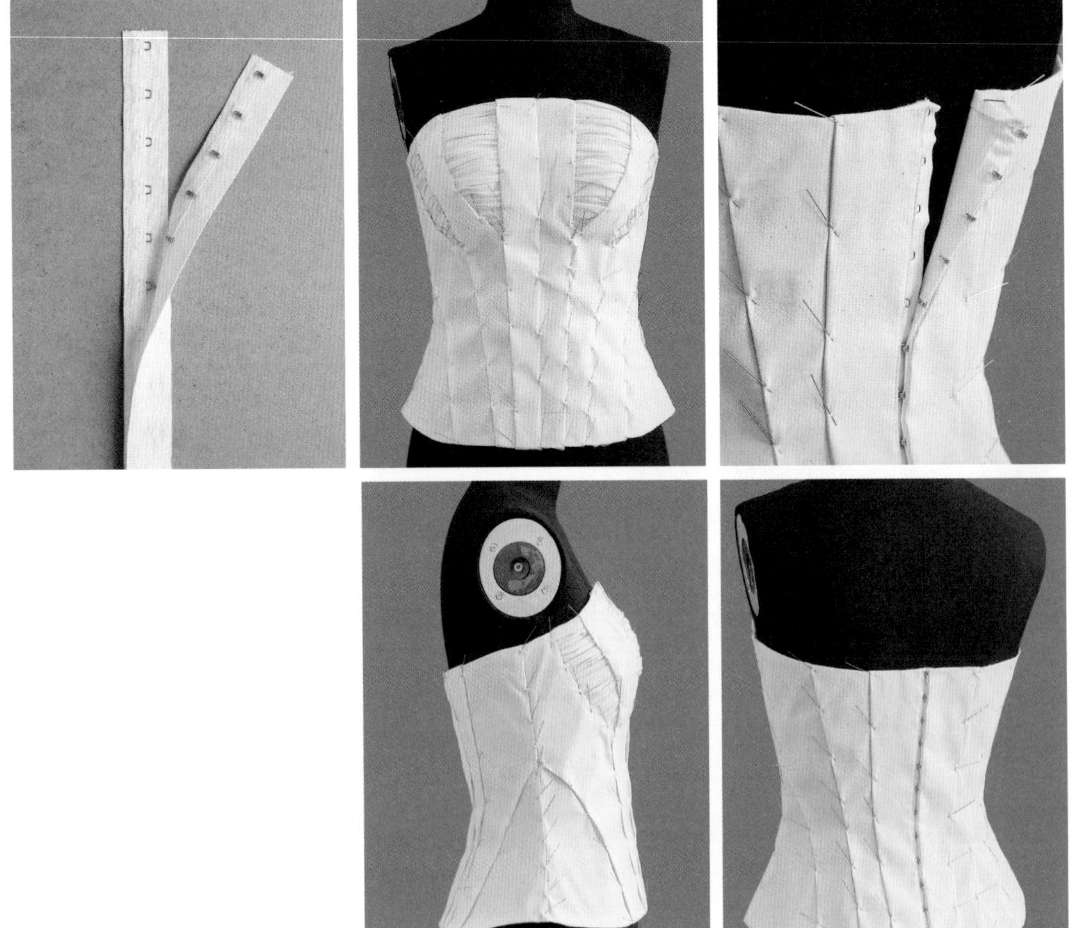
图2-3-15

思考与练习

1. 收集胸衣造型5个。
2. 选择一款胸衣，用立体制作的方式完成其造型。

学生作品赏析

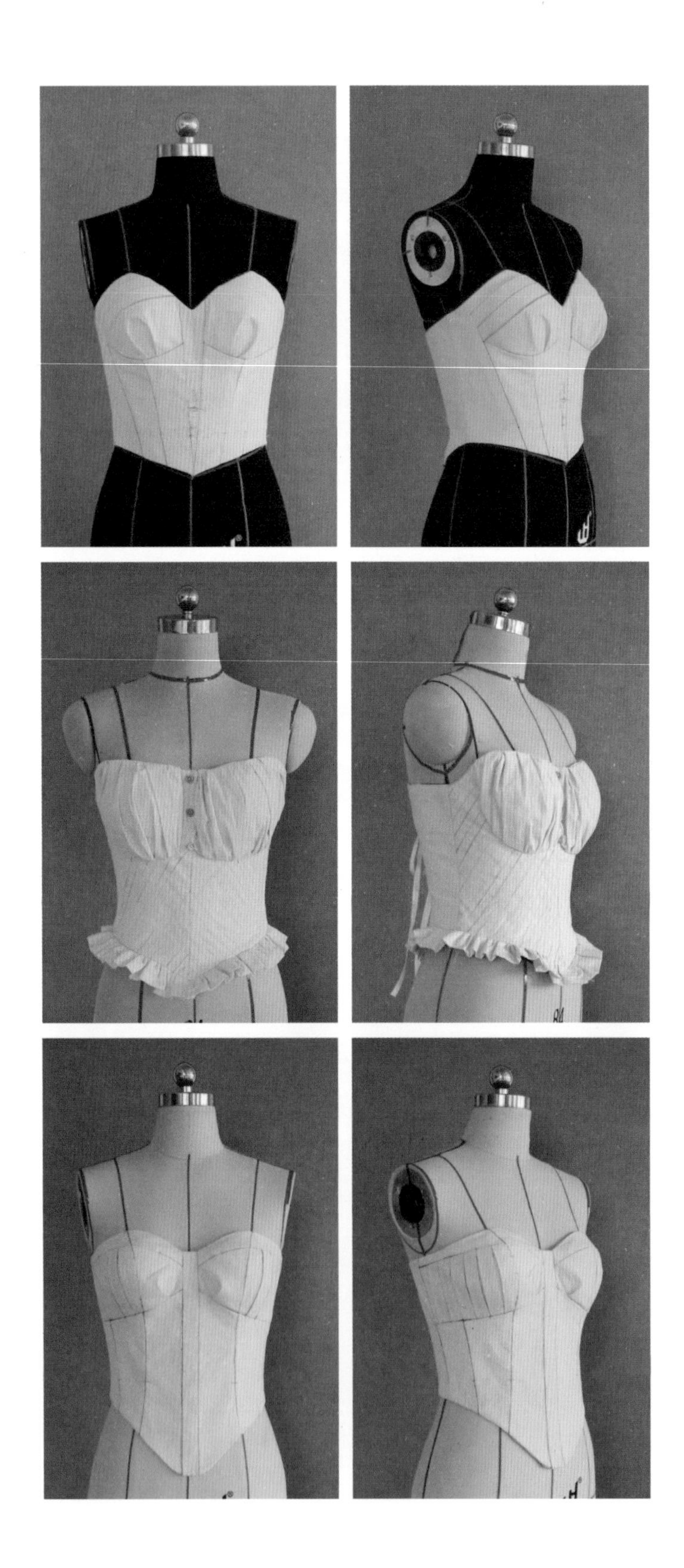

学生作品赏析–胸衣

更多学生作品
请扫码赏析

第三章

裙撑的立体造型

课题名称：裙撑的立体造型

课题内容：1. 裙撑的发展

2. 框架式裙撑

3. 网纱裙撑

课题时间：4课时

教学目的：简要阐述裙撑的发展历史及变化，以代表性裙撑为例详尽说明如何实现裙撑的立体造型，使学生掌握裙撑的造型特征和塑形方法

教学方式：讲授与练习

教学要求：1. 让学生了解裙撑在塑造女性臀部体型特征和裙子造型方面的历史

2. 使学生掌握网纱裙撑的立体裁剪技法

3. 使学生掌握框架式裙撑的制作方法

第一节　裙撑的发展

裙撑和胸衣一样，在西方女性服装发展史上具有重要的地位，是人为化塑造女性臀部形态的基础。

裙撑的历史大致可以分成三个阶段：

第一阶段是“法勤盖尔”（Spanish Bell-Shaped Farthingale）和“法式环形裙撑”（French Bum Roll）。

据史料记载，裙撑法勤盖尔最早于1468年出现在西班牙宫廷，呈钟型状，以宽大的臀部更加突出纤细的腰身的装置，是用木头或藤条做成，后传入英国。图3-1-1展示的是英国女王伊丽莎白身穿深红色天鹅绒长裙，裙下有裙撑（1563年）。1580年后，法式环形裙撑走向了流行（图3-1-2）。它和之前的西班牙式裙撑有非常大的区别，主要是依靠围在腰部的环形褶皱支撑起裙子，裙子下垂的部分可以自由选择。这种结构是所有裙撑中最便于活动的一种。

图3-1-1

第二阶段是18世纪被广泛使用的“巴尼尔”（Pannier），又被称为篮式裙撑或者马鞍裙撑，一般分为两种，双袋式和笼式样。双袋式是挂在腰部两侧（图3-1-3），而笼式则是整体架子。

随着洛可可风格的走红，流行起了椭圆形裙撑或者半篮式裙撑。这种裙撑前后相对平坦，左右撑开的椭圆形状，类似马背驮着的行李筐Pannier一词的原意（图3-1-4、图3-1-5）。

图3-1-2

第三个阶段是19世纪中期，名为“克里诺林”（Crinoline）的钟形裙撑开始流行。

其最初是用马鬃纬纱制成的硬亚麻织物，上浆后来制作衬裙。

图3-1-3

Crinoline一词源于意大利语，是指1856年注册专利的一种裙撑商标，它在硬衬裙里加入细铁丝圈作为支撑（图3-1-6），使裙子不再依靠多条衬裙也能呈现膨胀的造型。

笼状的克里诺林裙撑框架用鲸须或者金属丝制成，材质轻便而结实，可以让裙子变得轻盈（1860年）。

20世纪60年代中期，廓型的流行发生了变化，裙身开始集中于身后，前面则平坦，可以看成是改良款克里诺林，它更类似于早期的西班牙吊钟式（图3-1-7）。

到20世纪60年代末，则完全被“巴塞尔”（Bustle）取代，用来夸张和支撑女裙的臀部体积，有的带有裙拖。巴塞尔裙撑上常附有马毛以维持其形状支撑裙身。当时裙装上有大面积的堆状裙褶，在巴塞尔的支撑下更凸显臀部的造型。20世纪70~80年代，巴塞尔有各种各样的形状（图3-1-8）。

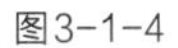

图3-1-4

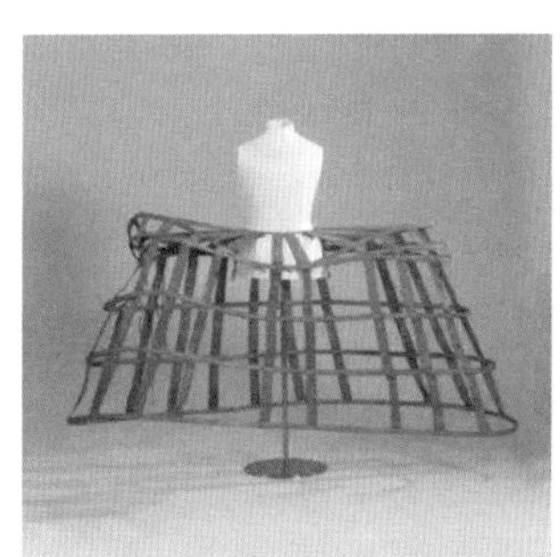

图3-1-5

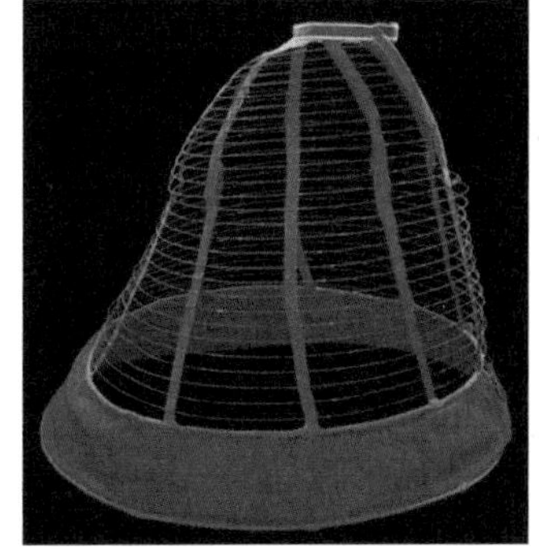

图3-1-6

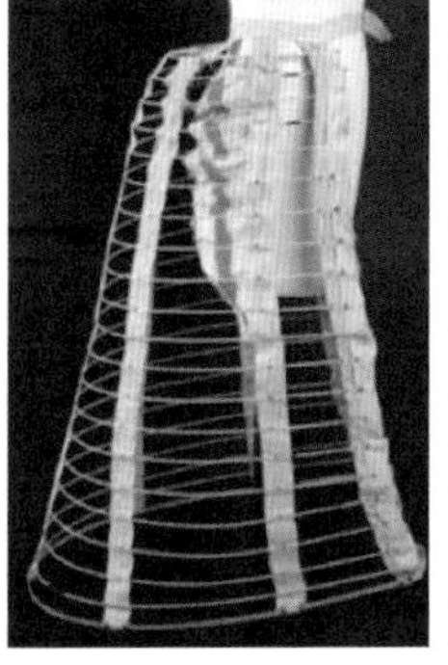

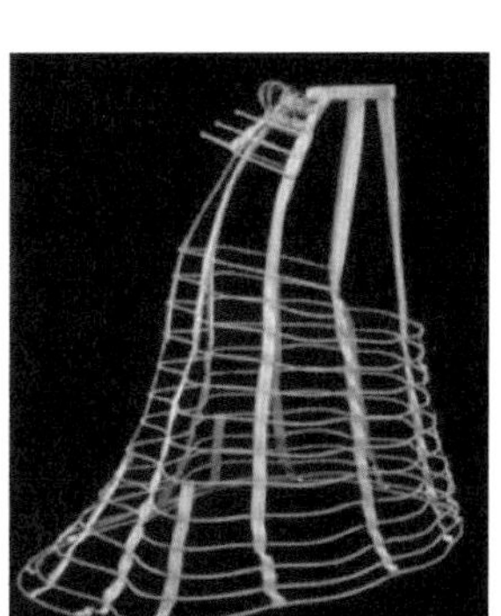

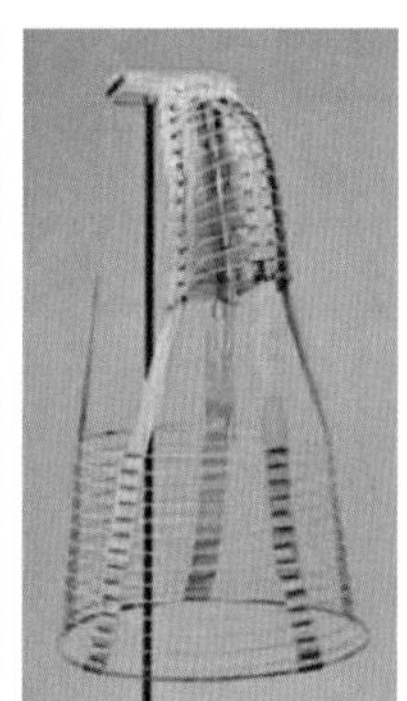

图3-1-7

19世纪最后10年，巴塞尔衰退，变成了小垫子类的支撑物填制于腰部正后方（图3-1-9）。

裙撑除了以支撑裙子廓型为主要功能外，在现代的时装设计中也可见将其夸张，通过骨条、塑圈、钢圈等材料作为骨架，突出其独特的装饰美感（图3-1-10）。

图3-1-8

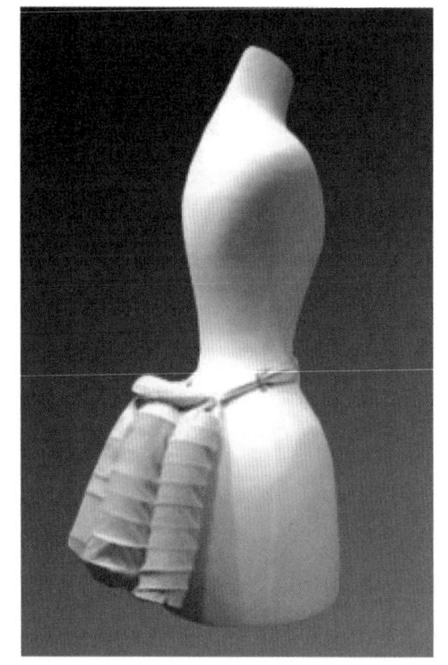

图3-1-9

Jean Paul Gaultier 作品

Armani Prive 2015年秋冬作品

图3-1-10

第二节　框架式裙撑

框架式裙撑是以骨架的方式形成裙撑的扩张裙摆。

一、织带准备

将人台调整至所需的高度，量取从腰到裙撑底部的长度，准备八条织带，之所以要使用织带，是因为织带既能承重，又能使裙撑在坐姿状态下不影响基本的使用。

在每条织带上都做好长度标记，以便于使每一层的横向圈条保持水平状，一般可以隔5cm或10cm做标记（图3-2-1）。

将八条做好标记织带的一头分别固定在腰围与前中、后中、左右侧缝、左右前公主线和左右后公主线的交点处（图3-2-2）。

二、包裹塑钢圈

将硬质的塑钢圈用布套包裹，布套的做法和胸衣中鱼骨套的做法基本相同（图3-2-3）。

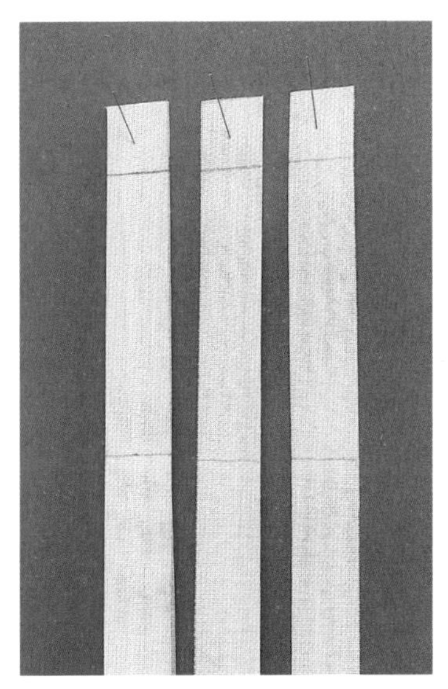

图3-2-1

图3-2-2

图3-2-3

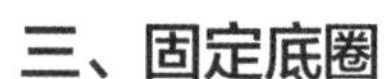

三、固定底圈

规划好最下方的横向圈条的围度大小，这是框架式裙撑廓型的关键部位（图3-2-4）。

图3-2-4

四、固定其余圈条

在完成底圈的基础上，将纵向的织带长度平均分成五份，计算或量取各个圈条的围度。如图3-2-5所示，先将第一个圈条与织带固定，然后将第三个圈条固定，最后固定第二个和第四个圈条，每个圈条都呈水平状，整体平衡。

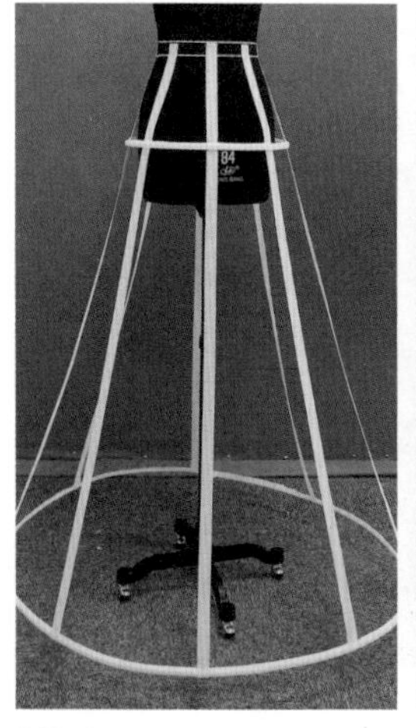

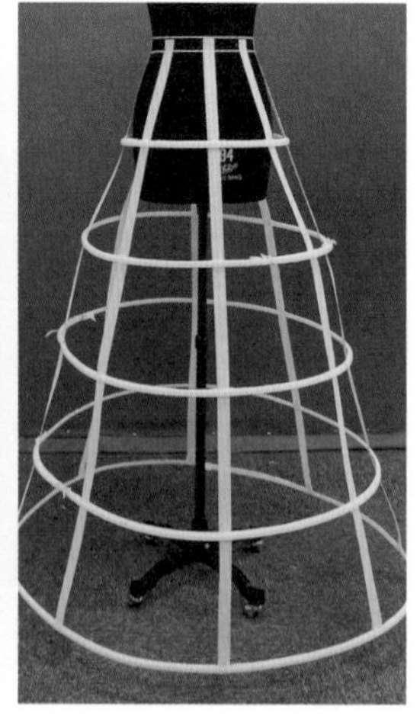

图3-2-5

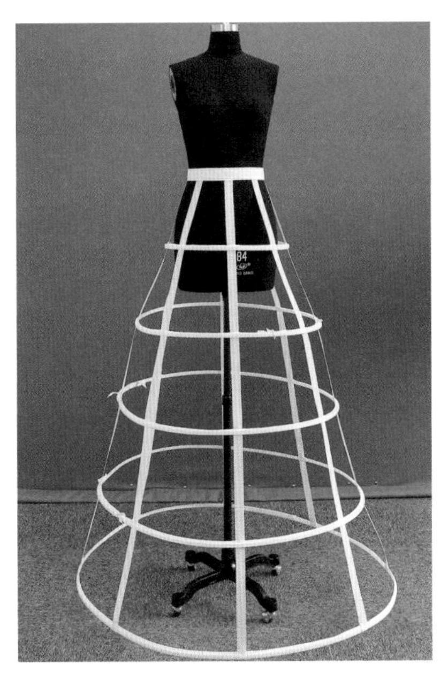

图3-2-6

五、装上腰带

将织带与腰带固定缝制，完成整体裙撑的框架造型（图3-2-6）。

第三节　网纱裙撑

网纱裙撑是以网纱为主要材料制成的裙撑，属于无骨裙撑。

为体现穿着者腰部的纤细，此类裙撑常采用育克分割的方式使裙撑的腰、腹部合体。如果裙撑是完全被覆盖在裙子下方，一般可以用简单的水平分割线来分割育克部分与网纱部分。但有时育克本身是款式的一部分，则需按照款式的要求来设置育克分割线。此处介绍一个弧形分割育克的裙撑立体裁剪。如图3-3-1所示，该裙撑由贴合人体腰、腹部的育克部分和膨大的网纱部分组成，育克线在前、后裙片上都呈现弧线形态。

图3-3-1

一、面料准备

前、后育克片均取长20cm，宽30cm。分别在距右布边、距左布边2.5cm处作经向丝缕线作为前中心线和后中心线。为了体现腹部的横向丝缕效果，均在距离上布边8cm处增加了一条纬向丝缕线。

前、后裙片均取长90cm，宽70cm（因前后中心为连裁，因此整个前片、后片宽为140cm，图3-3-2）。

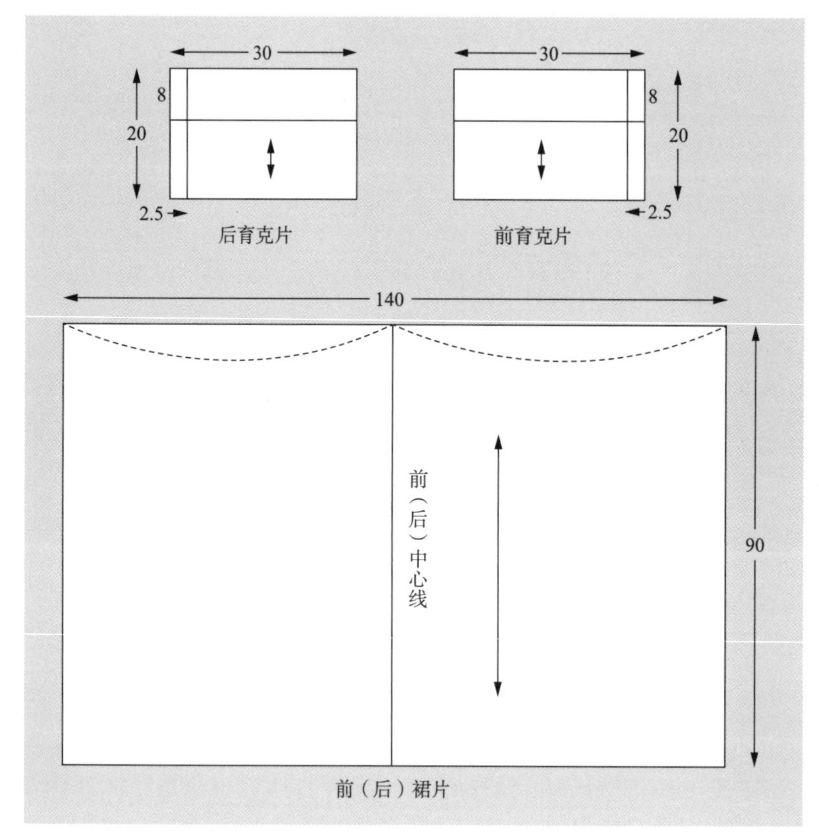

图3-3-2

二、立体制作

1. **固定前育克片，别出前腰省**　将前育克片对齐前中心线后放上人台，腰线打剪口使布料自然贴合人台的腰、腹部，保持横向丝缕水平状态别取前腰省，放置在腰围线约中点的位置。横向丝缕之所以需要保持水平，是为了减少侧缝处丝缕的斜度，使之基本成直丝。如果不收腰省，则侧缝为倾斜的斜丝缕，不利于承受下方多层网纱的重量（图3-3-3）。

2. **固定后育克片，别出后腰省**　同理，将后育克片对齐后中心线后放上人台，保持横向丝缕的水平状，将腰部余量别成腰省，由于后腰、臀差比较大，因此别取两个后腰省，各放置在腰围线约三分之一的位置上（图3-3-4）。

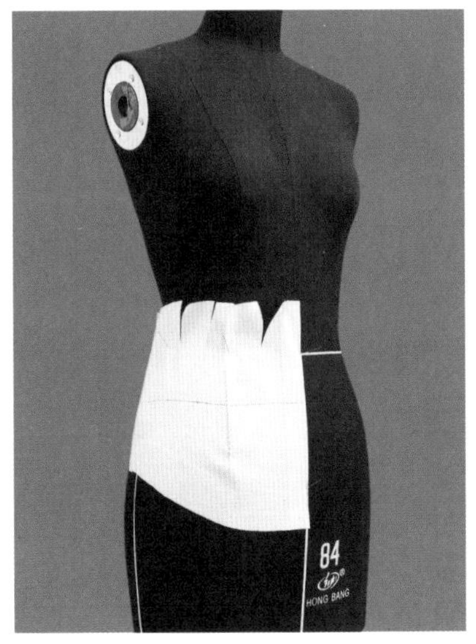

图3-3-3

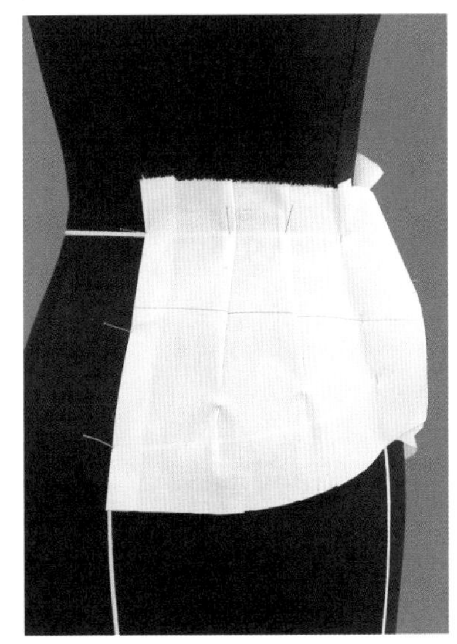
图3-3-4

3. **别合育克片的侧缝线**　将前、后片的侧缝线以贴合人体侧面的方式别合，然后沿腰围线、侧缝线、育克分割线做好标记后从人台取下，连顺净样线，放缝处理后修剪，重新别好前、后腰省以及侧缝后放回人台（图3-3-5）。

4. **固定前、后裙片**　将前裙片对齐前中心线后，保持下摆处的水平状，以抽褶裙的方式均匀抽褶将裙片固定到人台上，由于褶裥量比较大，具体方式是将坯布上布边从前中心线到侧缝线宽度的约中点处固定于公主线位置，再将从前中心线到公主线宽度的约中点处与对应的位置固定，这样以逐步细分的方式基本可以获得较均匀的抽褶效果，使裙摆自然扩张（图3-3-6）。

5. **在裙片上贴出分割线**　为便于做标记，可以在裙片表面再用胶带按照育克分割线贴出，并沿分割线做好点标记。取下裙片后连接成圆顺的弧线，放缝，去除余布后与育克缝合（图3-3-7）。

6. **固定第一层网纱**　规划好网纱的缝制位置，为便于操作，可以在裙片上用胶带贴出。然后将网纱以褶裥的方式沿胶带固定，一般褶裥量可以取原长的3~4倍。如图3-3-8中以前中心线到侧缝线的四

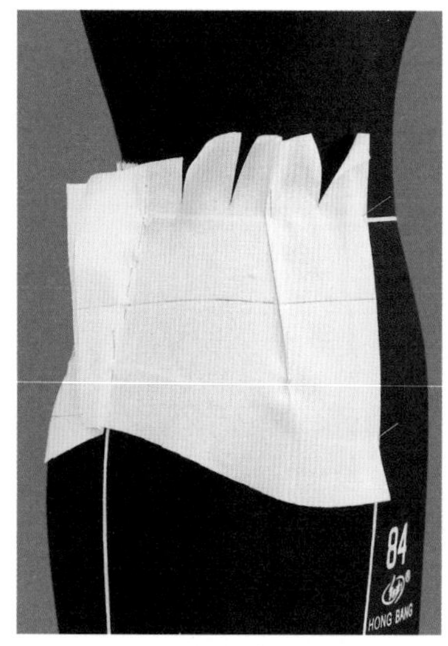

图3-3-5

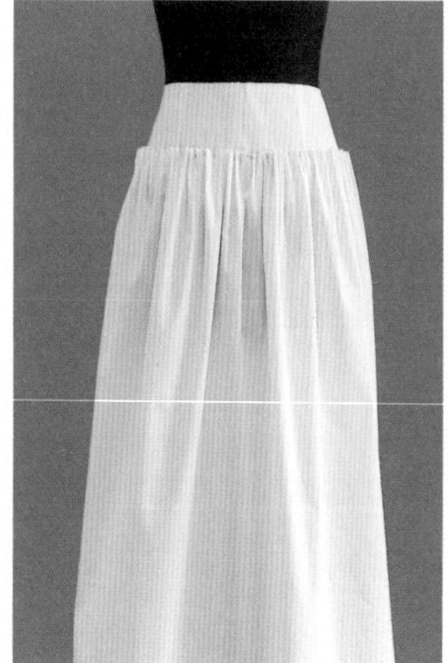

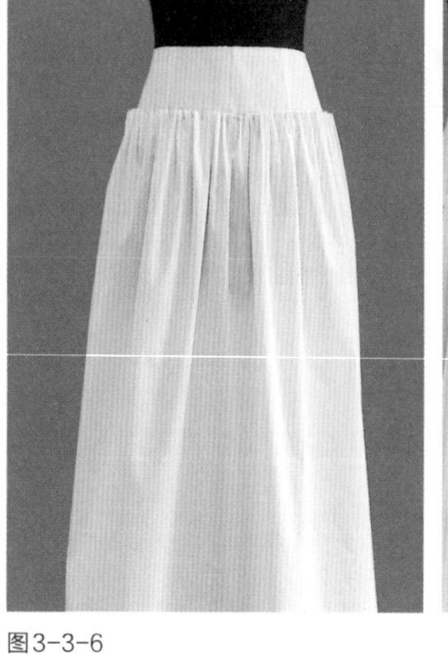

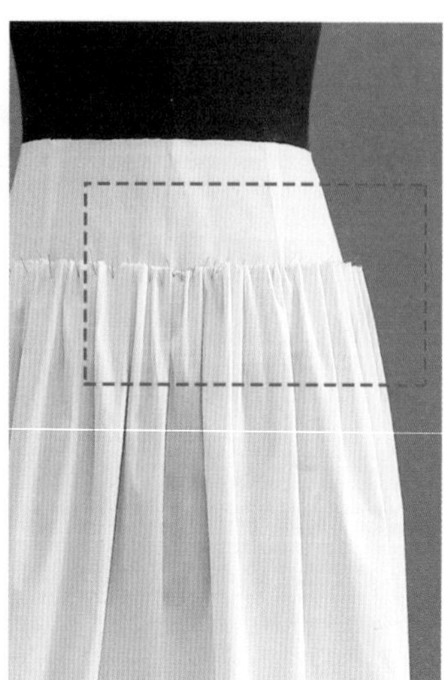

图3-3-6

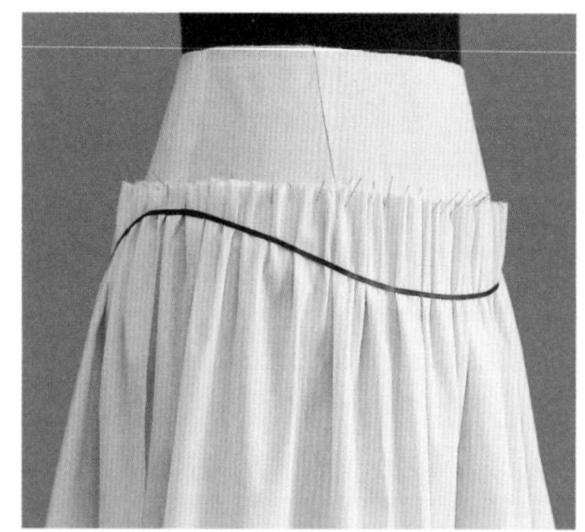

图3-3-7

分之一裙片为例，将第一层网纱固定在裙片上，观察其廓型。

7. **固定第二层网纱** 同理，规划好第二层网纱的缝制位置，将第二层网纱同样用褶裥的方式固定在第一层网纱上，观察下摆的扩张造型是否满意，适当调整网纱的褶裥量来调整下摆的扩展形态。达到满意的效果后，完成整体的裙撑网纱部分，并缝制在裙片上（图3-3-9）。

8. **检查完成的整体裙撑造型**（图3-3-10）

图3-3-8

图3-3-9

图3-3-10

思考与练习

1. 收集裙撑造型五个。

2. 选择一款裙撑，用立体制作的方式完成其造型。

学生作品赏析

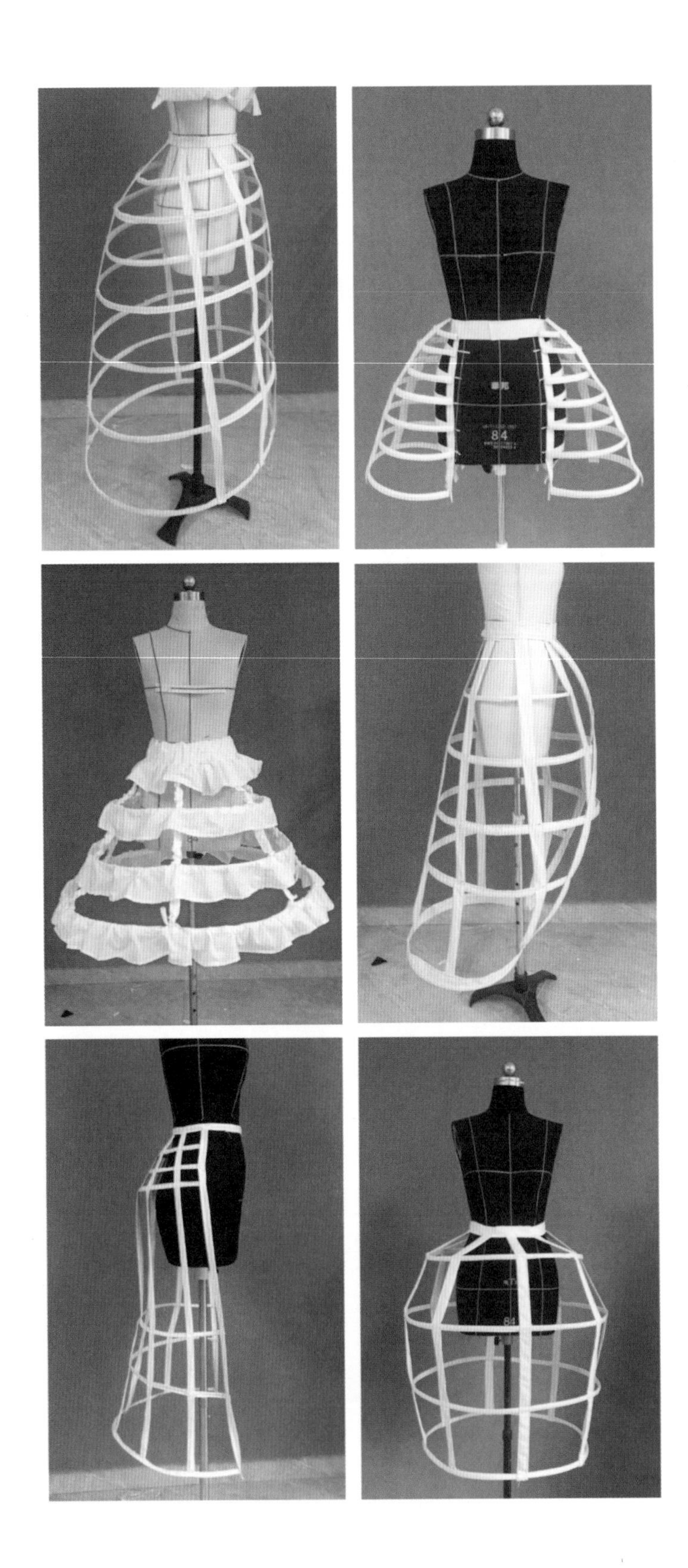

学生作品赏析－裙撑

更多学生作品
请扫码赏析

第四章

礼服立体造型的常用技法

课题名称：礼服立体造型的常用技法

课题内容：1. 礼服立体造型常用技法的种类

2. 斜裁

3. 平行褶

4. 纵向褶

5. 立体褶

6. 编织

7. 堆积

8. 立体花卉

课题时间：8课时

教学目的：主要阐述礼服立体造型的常用技法种类及其特点，并用代表性案例详尽说明如何运用该技法实现礼服的局部立体造型，使学生掌握该立体造型技法的运用要点

教学方式：讲授与练习

教学要求：1. 使学生能对礼服局部立体造型的款式特征进行分析

2. 使学生能针对款式进行正确的结构分析，并做好面料准备和流程设计

3. 使学生能运用立体造型的技法实现礼服的局部款式

第一节　礼服立体造型常用技法的种类

礼服立体造型的常用技法有很多种，使用较为广泛的是面料斜裁、褶裥应用、材料编织、材料堆积和花卉造型等。这些立体造型技法通常有两种造型方式：一是利用面料悬垂性能制作符合人体曲线的、自然的造型，如斜裁法；二是利用面料多种方式形成的凹凸肌理制作符合人体曲线的、丰富的视觉效果，如褶裥、材料堆积等。这些立体造型技法不仅可以营造夸张的空间效果，提升礼服的立体感，又可以通过局部细节增强礼服的层次感和浮雕感。

一、斜裁

斜裁是利用面料斜向丝缕的特性形成贴合人体曲线或者自然垂荡的一种造型方法。斜裁用料的悬垂性越好，斜向丝缕的剪切性就越好，越能实现柔美流畅、贴体但不紧绷的外形轮廓。斜裁强调的是尊重面料悬垂的自然状态，所以裁剪时较少对面料进行分割和缝制固定，往往造型简洁，凸显女性的极致优雅。

“斜裁女王”玛德琳·维奥内特是斜裁技法的开创者和践行者，维奥内特摒弃一切用来支撑衣服轮廓的弹性面料，巧妙地运用面料斜纹中的剪切性，最大限度地发掘面料并利用其自然垂坠使衣服仿佛身体的第二层肌肤，随着身体的移动自由飘逸。图4-1-1两件礼服裙都是玛德琳·维奥内特的代表作，设计于20世纪30年代，全身没有拉链或其他扣合件，而是通过分割线设计依靠斜裁时色丁面料良好的伸缩性来实现穿脱。

图4-1-2中两件都是20世纪30年代非常具有维奥内特风格的斜裁礼服，左右作品都应用了垂荡领和插片设计。

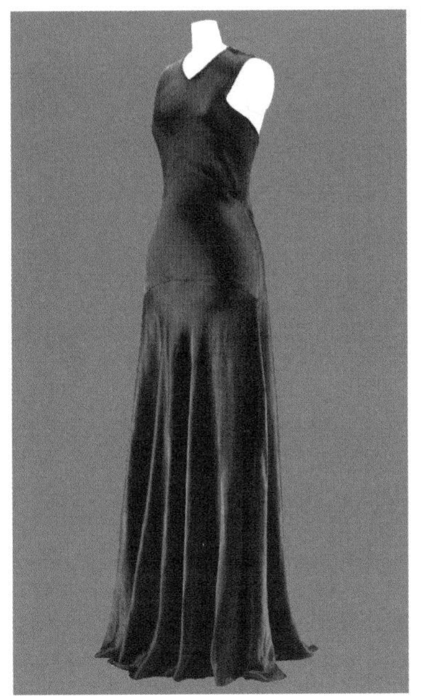

玛德琳·维奥内特作品

图4-1-1

Concettina Buonanno斜裁礼服

Elsa Schiaparelli 作品

图4-1-2

二、褶裥

褶裥设计是在人台上通过对面料进行折叠使其符合人体曲线，同时形成不同数量、方向、形式的褶裥造型。说到褶裥就不得不提格雷夫人，她以非传统的褶裥工艺和独到的剪裁手法留下了许多精妙绝伦的作品，启发了索菲娅·可可萨拉齐、山本耀司等传奇设计师的创作灵感，她崇尚的极简主义女性美深深影响着时尚界的美学发展。图4-1-3是格雷夫人的经典作品。

由于面料丝缕、悬垂性、折叠方式和折叠方向的不同，褶裥设计能呈现很多造型迥异的装饰效果。褶裥效果可以按多种方式进行分类，例如，按褶型的清晰程度可以分为无规律碎褶、规律褶和自由褶等；按褶裥的折叠方式和方向可以分为平行直线褶、自由直线褶、平行曲线褶和自由曲线褶等。图4-1-4是Giambattista Valli 2019年春夏的作品，采用横向碎褶形成合体的衣身，其褶皱虽然没有明显的规则，但是面料丝缕、褶裥密度都能始终保持平衡。图4-1-5是Elie Saab 2019年春夏的作品，同样是不规则的碎褶，这件礼服中的褶皱

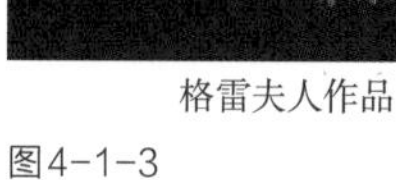

格雷夫人作品

图4-1-3

Giambattista Valli 2019年春夏作品

图4-1-4

不再是面料密度上的自然堆积，而是明显进行了人工干预，以达到既包裹身体又呈现平衡褶裥的效果，面料的丝缕也随褶裥的走向进行变化。图4-1-6和图4-1-7分别来自于Dior 2017年秋冬和2018年春夏展示，两个作品中的褶皱都明显有较强的规律性，分别采用纵向和横向褶裥的手法，和无规律碎褶相比，这种手法使礼服风格显得更加严谨、工整。

三、编织

编织设计是对条状材料进行穿插交织的一种造型方式。条状材料可以是面料缝制的，也可以是绳、带等辅助材料。编织设计主要有两个设计方向：一是穿插结构的设计，另一个是编织条的设计。穿插的方式有很多种，与梭织面料的组织结构相似，可以做多种交叉设计，形成具有疏密变化，有层次、韵律的肌理效果，在人台进行编织时也可以针对人体起伏，采用多种穿插结构的组合。除穿插方式外，条状材料是编织的另一个重要设计。编织条越窄越容易形成贴合人体的效果，形成平实细腻的肌理，编织条不仅可以表面光洁，还可以增加褶

Elie Saab 2019年春夏作品

图4-1-5

Dior 2019年秋冬作品

图4-1-6

Dior 2018年春夏作品

图4-1-7

裥和其他装饰材料，形成更富有层次和细节的外观效果。

图4-1-8来自Viktor & Rolf 2018年春夏高定作品，设计师以组合平纹的形式对不同宽度、色彩的布条进行水平编织，形成的效果规则而具有细节感。图4-1-9是Dior 2019年春夏高定作品，这个系列有多件编织礼服，设计师采用了极其薄透的面料进行紧密的斜向编织，并在编织部分的上下端将布料形成穗状装饰、规则紧密的编织衣身和飘逸流动的穗状装饰形成鲜明的对比；图4-1-10是Alexander McQueen 2011年秋冬的作品，轻薄的雪纺首先形成规则的细褶再进行斜向编织，结构简单却富有肌理感，设计师用皮革和金属装饰打造了一个刚

Viktor & Rolf 2018年春夏作品

图4-1-8

Dior 2019年春夏作品

图4-1-9

柔并济的女战士形象。

四、堆积

堆积，顾名思义是将大面积的面料通过“堆”的方式形成小面积的聚积。在堆积时因为面料质地、堆积面积和聚积密度的差异能形成完全不同的外观效果。堆积设计因为布料的聚积会形成丰满的肌理效果和一定的扩张感，所以主要应用于人体凸出的部位或需要营造廓型效果的空间位置。

图4-1-11是Christian Lacroix 1987年作品，设计师通过面料的堆

Alexander McQueen 2011年秋冬作品

图4-1-10

Christian Lacroix 1987年作品

图4-1-11

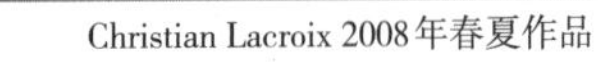

Christian Lacroix 2008年春夏作品

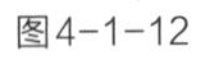

图4-1-12

Elie Saab 2009年春夏作品

图4-1-13

积形成近似球状的裙摆，作品采用的面料挺括，堆积肌理粗放，与简洁的衣身形成鲜明的对比，具有很强的视觉冲击力。图4-1-12是Christian Lacroix 2008年春夏高定作品，设计师应用堆积的手法营造腰、臀强烈的对比；图4-1-13是Elie Saab 2009年春夏高定的作品，整件礼服体现设计师一贯营造的华丽、流畅的线条，在肩部通过面料的堆积形成体积感，来平衡礼服顺直的线条感。

五、花卉

立体造型设计中的花卉造型技法是通过对面料进行扭转、盘绕、堆叠形成的一种手法。和用于装饰的平面手工花卉不同，立体花卉造型强调的是将花卉和人体巧妙地结合，使花朵造型与服装融为一体，在制作时具有一定的随机性。礼服造型中的花卉根据造型的逼真程度能分为具象花卉和抽象花卉两种。具象花卉在结构和外观上形似真实的花朵，造型鲜明、完整、具体；抽象花卉是取真实花卉的某个元素进行创作，结构不一定完整，外观造型只是神似花朵。

图4-1-14是Valentino 2009年春夏高定作品，礼服衣身虽然简洁，

Valentino 2009年春夏作品

图4-1-14

但因为细密的纵向分割而充满细节感，衣身与肩部的玫瑰花巧妙相连，剪裁完美无瑕，体现了Valentino一贯的高级优雅。图4-1-15是Alexis Mabille 2018年春夏的高定作品，设计师擅长用结构来营造戏剧化的廓型感，这件礼服轮廓简洁，通过的花朵造型清晰饱满，为原本单调的轮廓增添了亮点。图4-1-16是华裔设计师殷亦晴首次在巴黎时装周呈现的作品，作者用轻盈透薄的材质，多层次的设计，渐变的色彩打造了梦幻霓裳。图4-1-17是Liliya Hudyakova的杰作，这位俄罗斯艺术家通过面料颜色搭配，使用旋转盘绕的手法实现意向花卉与服装融为一体，美轮美奂。

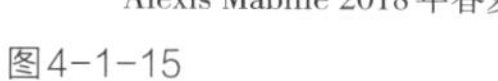

Alexis Mabille 2018年春夏作品

图4-1-15

殷亦晴巴黎时装周作品

图4-1-16

Liliya Hudyakova的作品

图4-1-17

第二节　斜裁

一、荡领上衣斜裁

1. **款式分析及人台准备**　这是一款基础荡领上衣，利用面料的悬垂性，在领口形成多个柔软的垂荡，富有层次感（图4–2–1）。

根据款式在人台上贴出领口、袖窿及不对称的下摆线（图4–2–2）。

2. **斜丝面料准备**　如第三章中介绍面料的丝缕差异时所述，与直丝缕、横丝缕相比，面料的斜丝缕方向具有最好的悬垂性和延展性，因此要获得美观的荡领造型，应选择斜丝来实现。而白坯布的斜丝悬垂性比较差，无法形成柔美的垂荡形态，因此此款面料采用悬垂性优良的雪纺面料来进行立裁。

在采用斜丝进行立裁时，测量布料大小不仅要关注前中心线的长度，还要注意关注侧缝的长度。这个款式因为下摆不对称，主要以摆位较低的左侧为长度测量的标准（图4–2–3）。

此款取料为长宽各110cm的正方形。

取料后，还需在面料上标识出正斜丝。方法是将面料沿对角线对折，沿折痕手工长针脚缝一条直线，缝制时保持缝纫线有一定的松度，使布料在斜向悬挂下垂时不被缝线拉紧（图4–2–4）。

3. **固定并形成垂荡**

（1）固定左右领口：以布料上的缝线为前中心线，将布料上部适当向内折光后放上人

图4–2–1

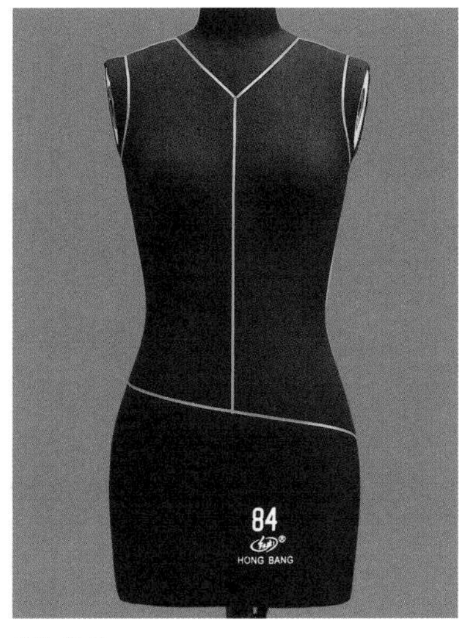

图4-2-2

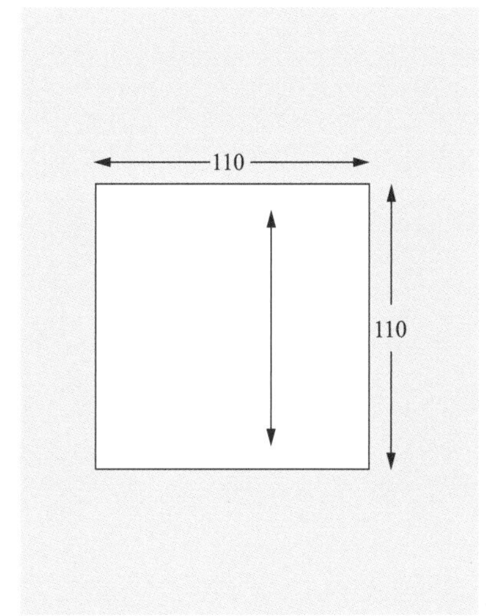

图4-2-3

图4-2-4

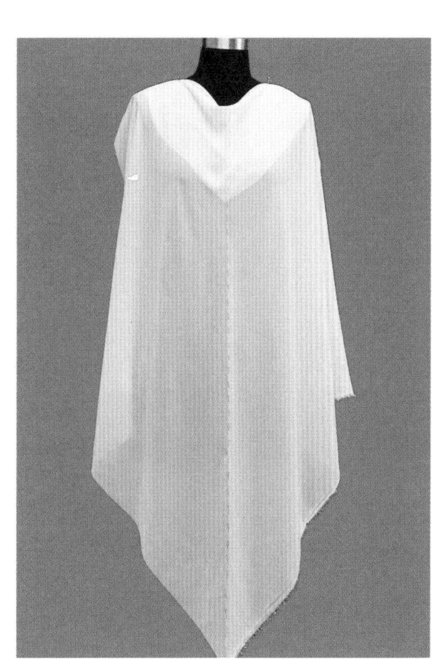

图4-2-5

台，在领口处形成一定的垂荡后在领口两侧进行固定；折光量以折痕的长度满足领口尺寸加上左右各约5cm的折边量为准（图4-2-5）。

（2）固定左、右肩部褶裥：在左、右领口两侧布料向上拎起形成褶裥，此时在领口中心再次形成一个垂荡，同时固定于人台肩部。

通过调整领口两侧的褶裥大小可以控制垂荡的大小和深度，这是做垂荡的关键，尽量使每个垂荡的造型接近，并保持左右对称（图4–2–6）。

（3）继续固定褶裥形成垂荡：按相同的方法继续做领口的垂荡直至胸围线附近，此时布料在胸部依然比较平整，在左右胸之间会形成一个较浅的垂荡（图4–2–7）。

4. **立裁侧缝** 完成荡领后保持胸部有一定的松量，在两侧固定确认围度。

沿袖窿从上而下修剪布料直至腋下，保留3cm以上的缝份。

沿侧缝向下继续修剪余布，并在腰围线附近做刀口，刀口可以先浅再深分步进行，布料在腰部逐渐合体，此时注意观察以布料的自然下垂状态为准，不可强行拉伸侧缝，并始终保持前中心线不偏移。

过腰围线后下摆会形成一定的波浪，波浪的大小取决于面料的剪切性，根据波浪的大小在侧缝适当加放与之相应的摆量后确定侧缝轮廓线（图4–2–8）。

5. **处理下摆** 因为斜裁使用的面料一般剪切性较好，面料柔软下垂，描点划线比其他坯布困难，可以使用标识线直接在布料上贴出

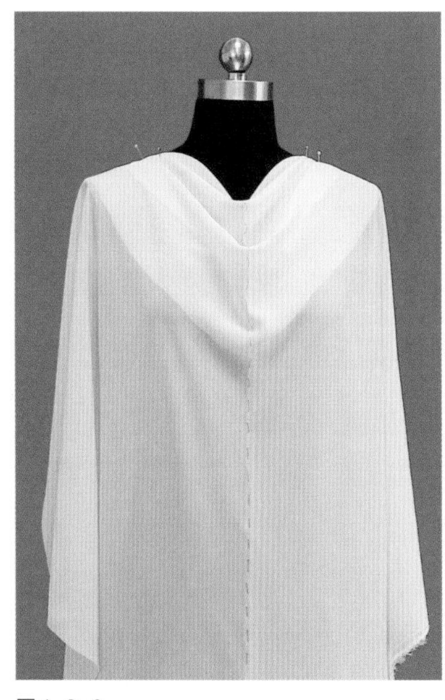

图4–2–6

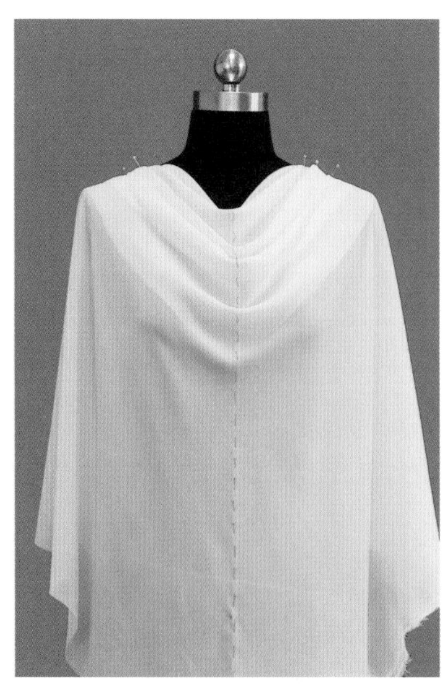

图4–2–7

轮廓线加以替代；荡领领口处可加放5cm的折光量后进行修剪，也可以根据需要制作贴边（图4-2-9）。

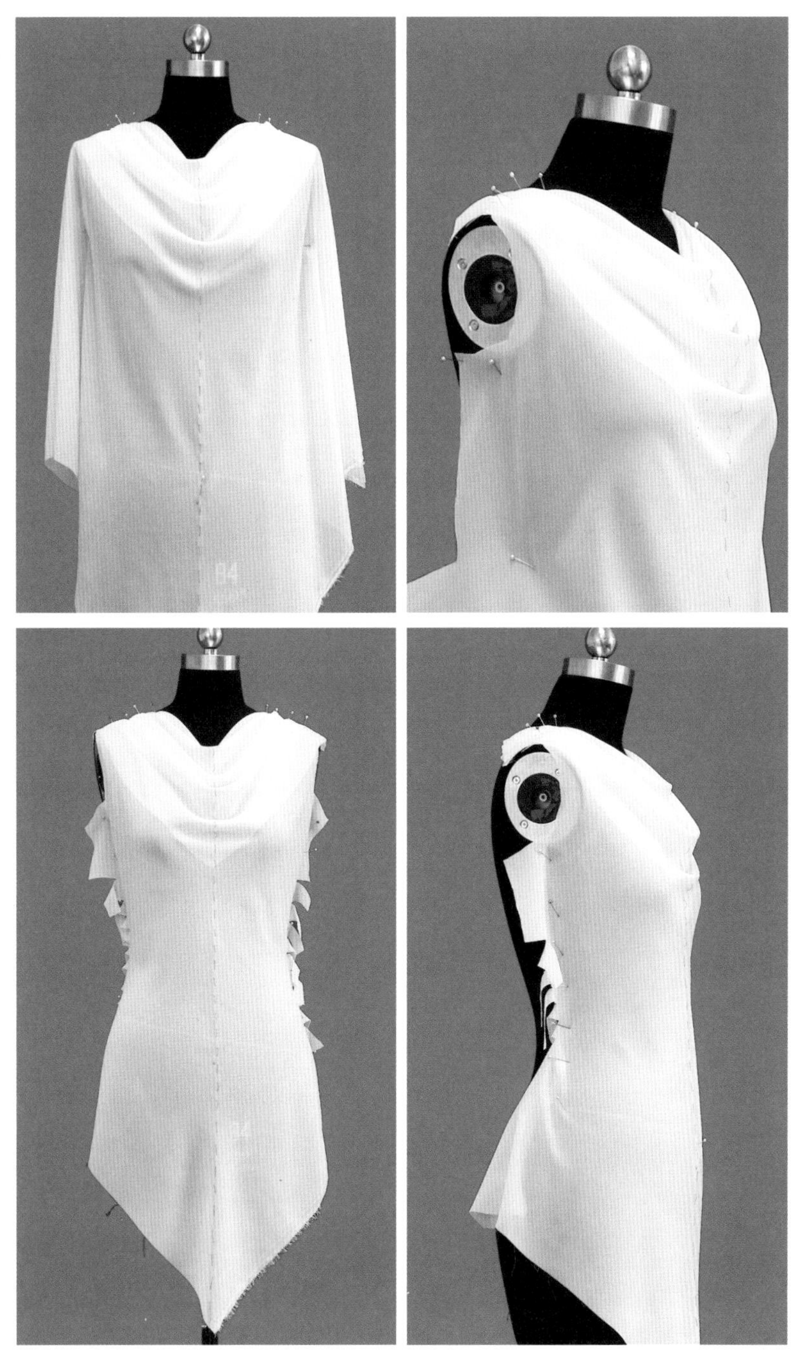

图4-2-8

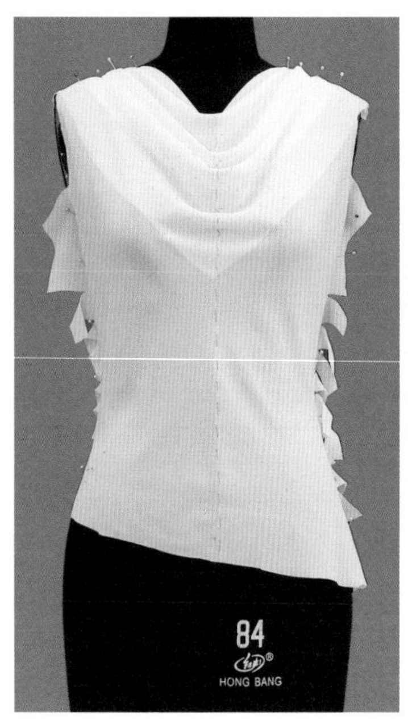

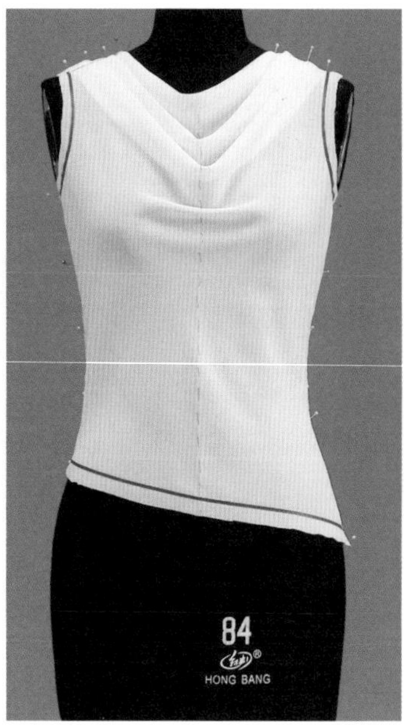

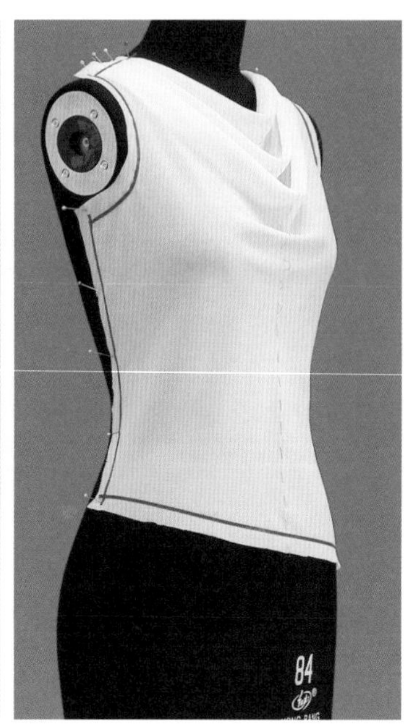

图4-2-9

斜丝除了能形成柔美的荡领造型外，还常被应用于衣身的腰臀等其他部位，塑造出独特的立体效果。

二、小礼服斜裁

1. **款式分析及人台准备** 这是一款以斜裁为主要方式的小礼服局部设计。礼服上部较为合体地包裹胸部，在领口形成褶裥；下部分是自然下垂的斜裙，腰围延续礼服上部分的合体效果，因为布料斜丝的剪切性在腹部以下形成波浪（图4-2-10）。

图4-2-10

首先根据款式在颈根围向上2cm贴出立领轮廓，取右边前领圈的中点至前中心线和胸围线的交点处贴出略带弧度的轮廓线；过侧颈点至腋下约5cm贴出略呈“S”型的袖窿曲线；最后根据腰身比例在腰侧处贴出分割线（图4-2-11）。

2. **面料准备** 本款采用了有一定厚度、悬垂性优良的麻质面料，分别取边长为50cm和90cm的正方形布料各一块，在布料正斜丝方向做好线钉，方法同本章第一节（图4-2-12）。

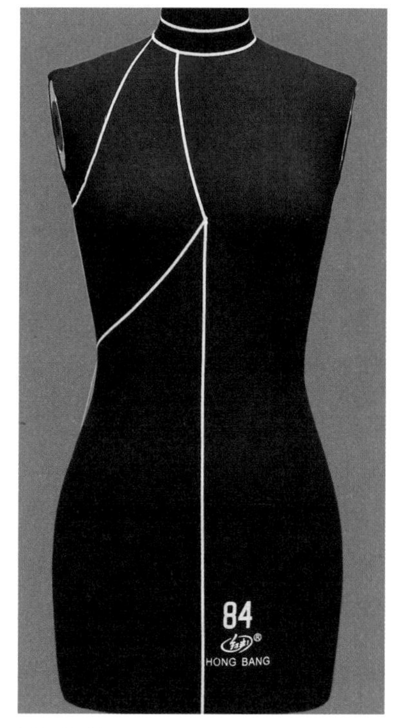

图4-2-11

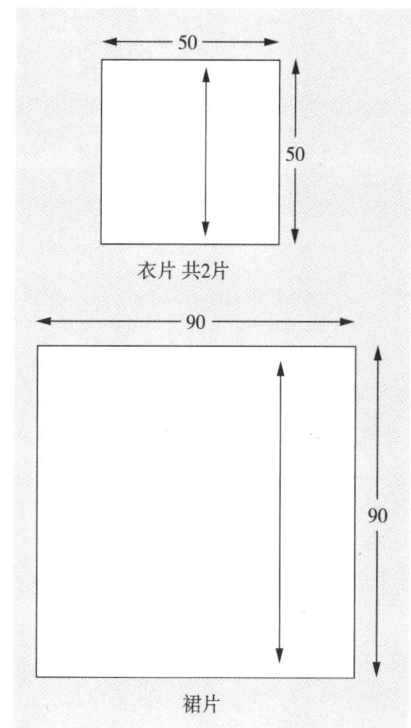

图4-2-12

3. **上衣片的立体裁剪**　将布料线钉平行于前中心线放上人台，并暂时固定在胸高点和领口处。

沿上下分割线适当修剪布料，保留3cm以上的缝份；保持主体为斜丝，抚平分割线处的布料，并做剪口，分别在前中心线和侧缝处进行固定，余量顺势推向领口。

从前中心沿领口线抚平布料固定于领圈，从腰侧沿侧缝、袖窿抚平布料固定于侧颈点，在侧缝及袖窿处适当修剪余布，必要时做剪口以保持轮廓贴体；在领圈处形成较大余量作为褶裥用量。

根据款式在领圈处将所有余量做成3个褶裥，通过调整褶裥的大小，使其形成消失点在胸部比较均衡流畅的造型。

沿所有轮廓描点后保留1cm的缝份修剪余量，并放回人台检验效果（图4-2-13）。

4. **下衣片的立体裁剪**　将布料放置到人台上，以斜丝线钉对齐前中心线，此时布料的一边与上下分割线方向基本一致。

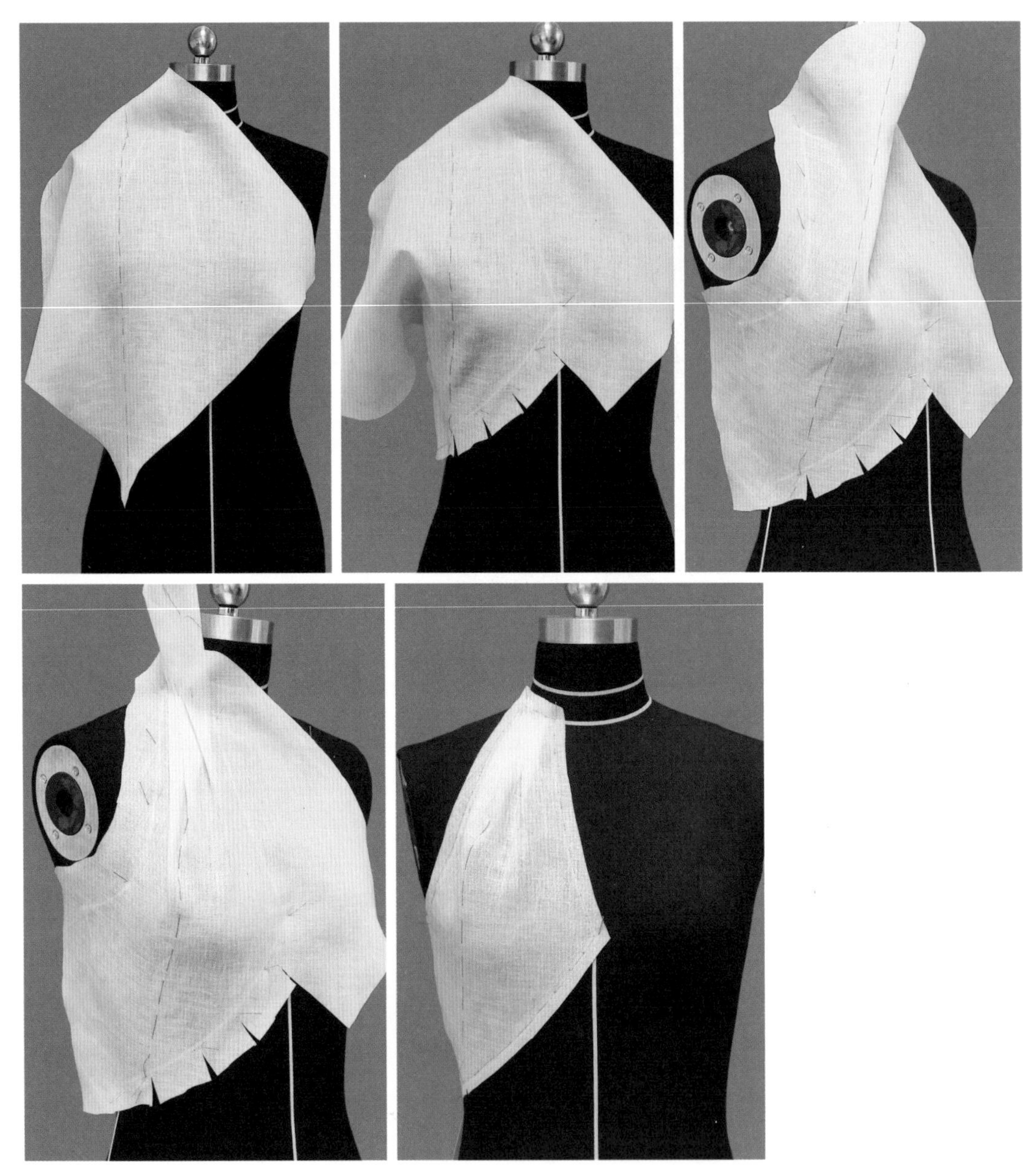

图4-2-13

沿上下分割线从前中心向侧缝抚平，注意保持前中心线不偏移；适当修剪布料并做剪口，使布料在分割线上尽量贴体，此时布料在腰部以下会形成一定的波浪。

根据前片的波浪大小在侧缝处加放相应的摆量，沿分割线描点后将裙片取下，完成分割线及侧缝线，并将其复制到左半边。

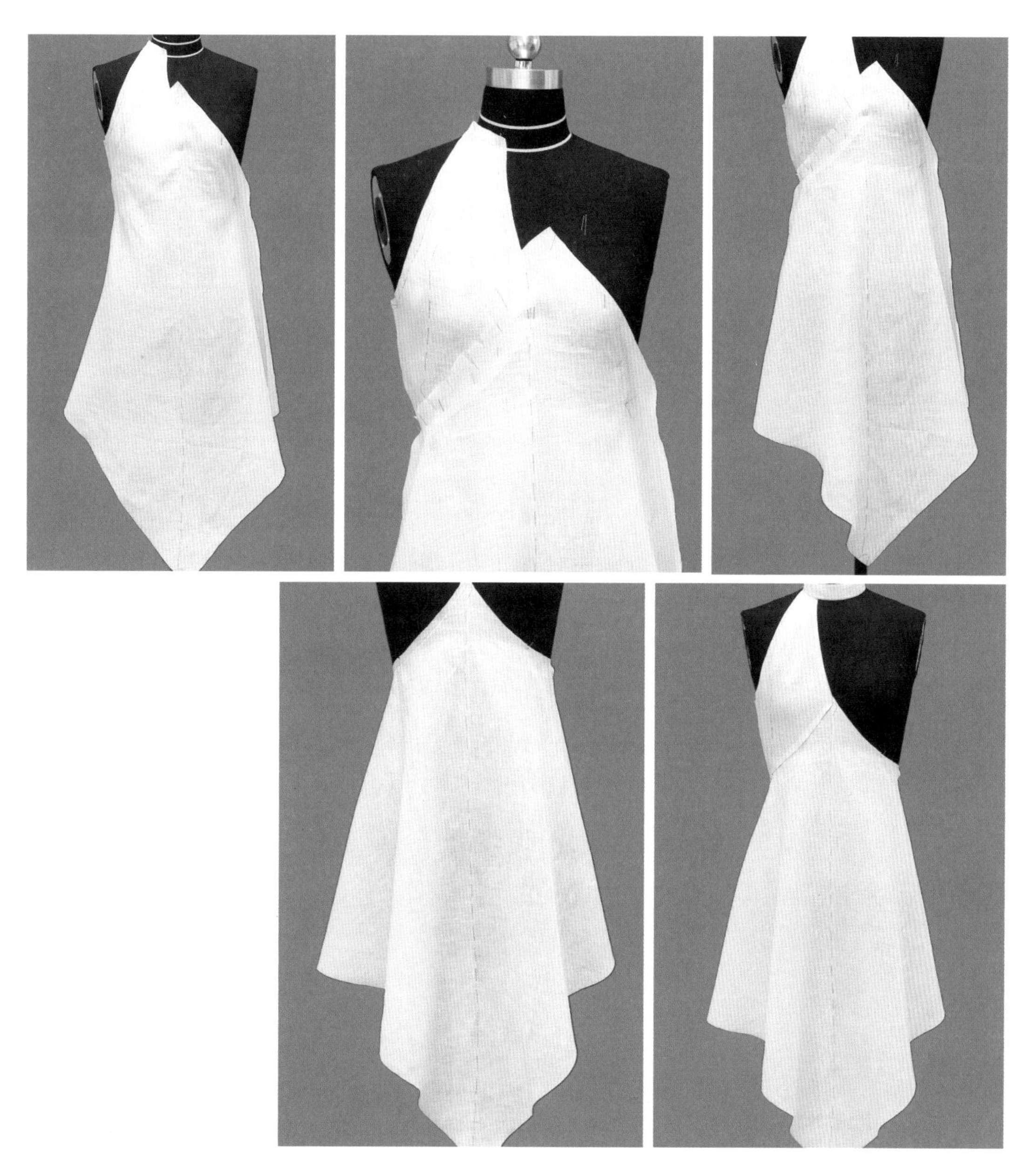

图4-2-14

将完整的裙片放到人台上检查效果，可进行微调，使波浪呈现基本对称的效果。

将上下两个部分缝合后补充颈部立领装饰，并放回人台查看效果（图4-2-14）。

第三节　平行褶

一、款式分析及人台准备

这是一个不对称的款式局部，平行状的褶裥覆盖整个右胸部，从左袖窿向右腰侧的曲线状平行褶裥与之呼应（图4-3-1）。

首先过人台胸围线的中心从左袖窿向右腰侧贴出两条平行的“S”型曲线，然后依据曲线造型在右胸部贴出上、下止口曲线，最后过右胸高点沿两条止口线方向贴出内衬用的分割线（图4-3-2）。

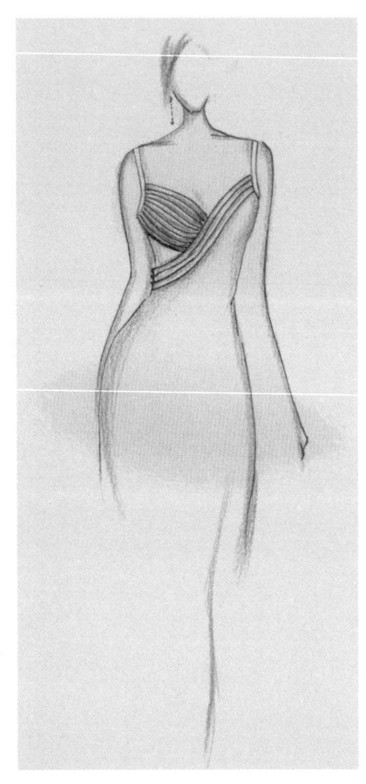

图4-3-1

二、胸部内衬布的立体裁剪

因为褶裥的曲度大，因此需采用斜丝布条的方式制作，斜丝布条需固定在内衬衣上。按照粘贴的款式线制作内衬衣，衬衣在胸高点进行分割，以保证其合体且稳定，缝份朝外（图4-3-3）。

三、褶裥的立体制作

1. **褶的放置及固定**　取宽约3cm，长度能完全覆盖罩杯上止口的斜向布条，将布条沿长度方向对折后放置到胸部上止口处，因为斜丝具有良好的剪切性，布条能较好地吻合上止口弧线，在布条两侧进行固定（图4-3-4）。

第一个褶固定完成后，沿褶的下边缘留出0.3~0.5cm后长针将其固定在内衬衣上（图4-3-5）。

2. **制作罩杯处的褶裥**　按刚才的方法将斜向布条由上向下逐一放置到衬衣上，每确定一条褶裥位置后即将其缝合固定于衬衣上。

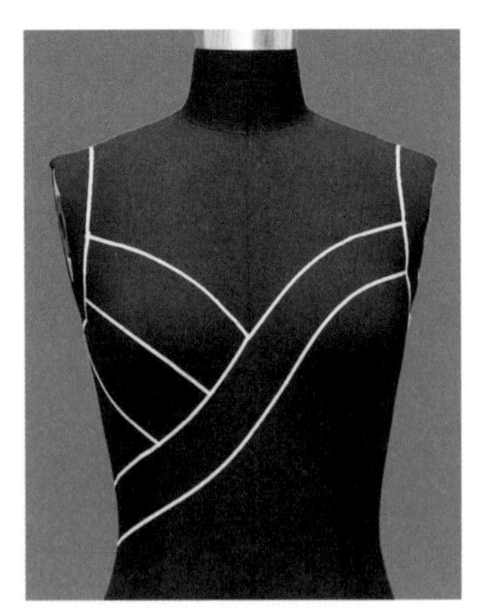

图4-3-2

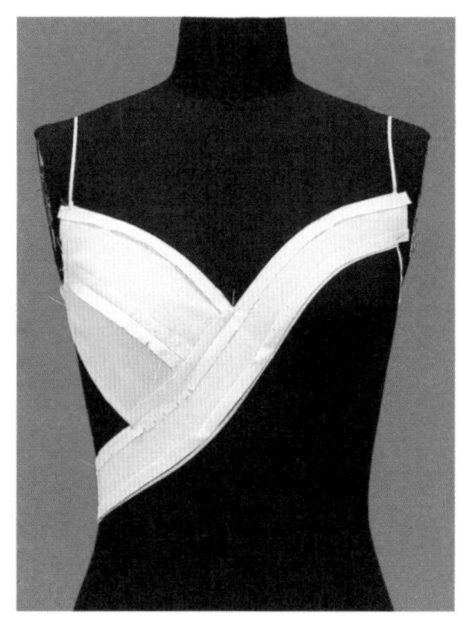
图4-3-3

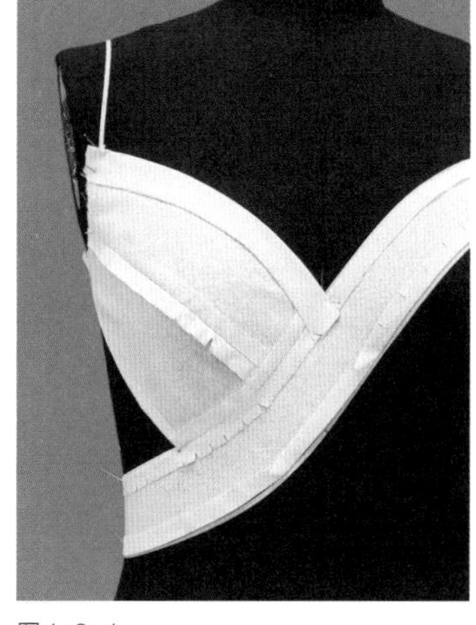
图4-3-4

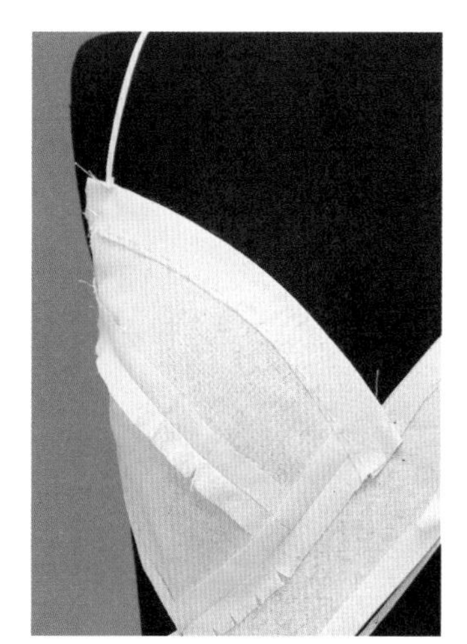
图4-3-5

重复以上步骤，并注意均衡褶裥之间的距离，使之基本均匀；因为胸部立体的造型，褶裥间会形成中间略宽，两侧略窄的效果（图4-3-6）。

将褶裥的最下一条将斜向布条进行两次对折，使其宽度与之前的间距基本相等后固定于最下方（图4-3-7）。

3. **制作前中心处的褶裥**　取宽6cm的斜丝布条，将其对折后沿衬衣上止口将布条放置，并缝合固定（图4-3-8）。

用相同的方法放置第二条褶裥并缝合固定（图4-3-9）。

第三条褶裥的处理方法与罩杯处最下一条褶裥的处理方法相同，将斜丝布条2次对折形成与上面两条褶裥间距相当的宽度后固定在衬布上（图4-3-10）。

四、制作肩带

利用斜丝布条或与坯布质地相当的织带，根据款式制作袖窿肩带，注意两边的平衡对称（图4-3-11）。

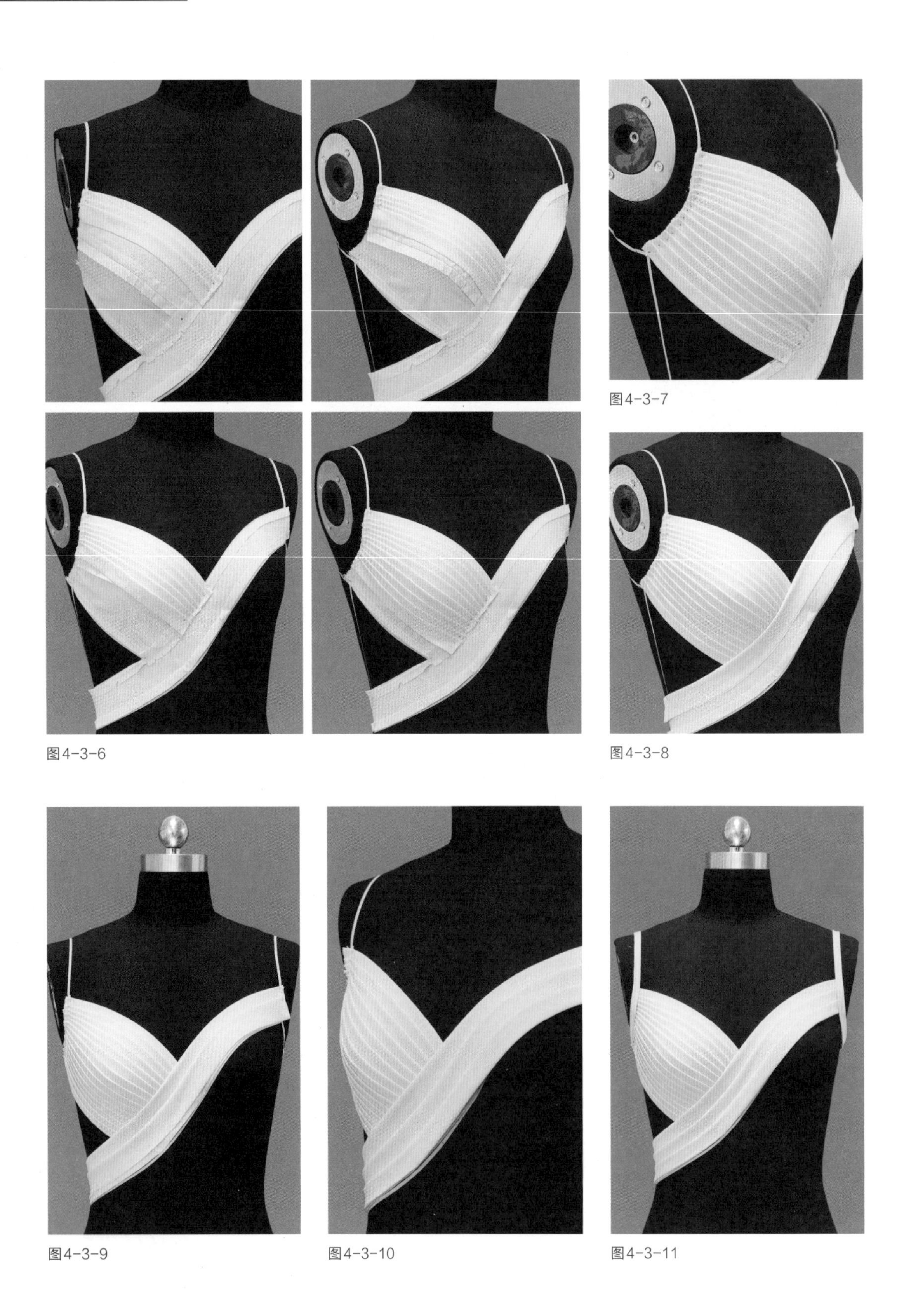

图4-3-7

图4-3-6

图4-3-8

图4-3-9

图4-3-10

图4-3-11

图4-4-1

第四节　纵向褶

一、款式分析及人台准备

从款式图可以看出这款小礼服主要由3个部分组成：前中心处纵向褶皱造型、简洁合体的侧面以及通过扭转缠绕在两个部分进行过渡连接的布条（图4-4-1）。

首先贴出略带弧度的上胸围线，然后贴出呈夸张“X”造型的分割线，其中腰围线处的分割点在正面视觉上的中心处，腹部则形成丰满的凸弧分割（图4-4-2）。

二、胸部衬布的制作

内衬衣分为两片，首先根据衬衣侧面的大小取尺寸适当的布料，沿分割线为直丝方向将其放置在人台上。沿轮廓线保留约3cm的缝份后对布料就行适当修剪，在腰部作剪口后使布料基本符合人体曲线（图4-4-3）。

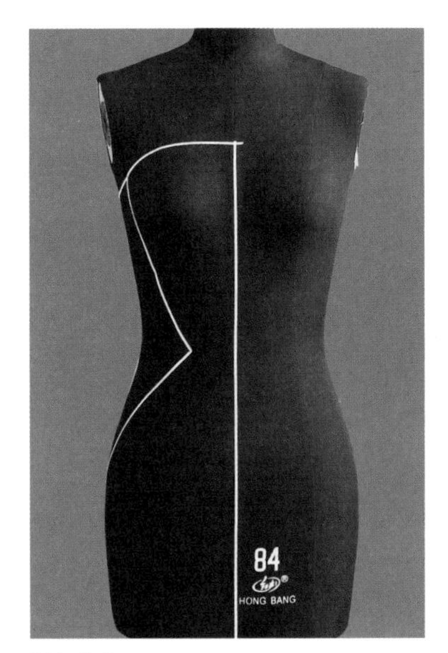

图4-4-2

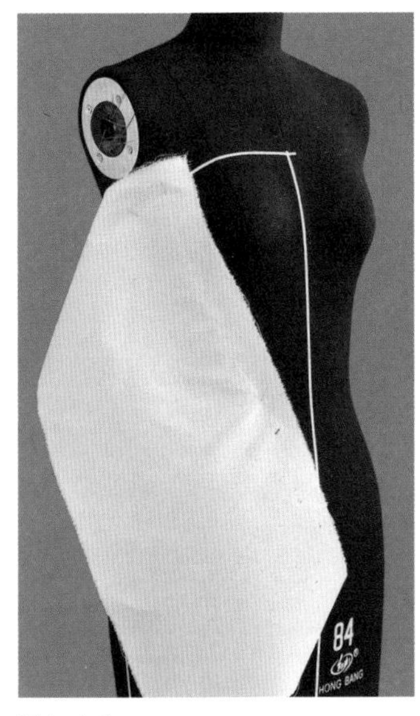

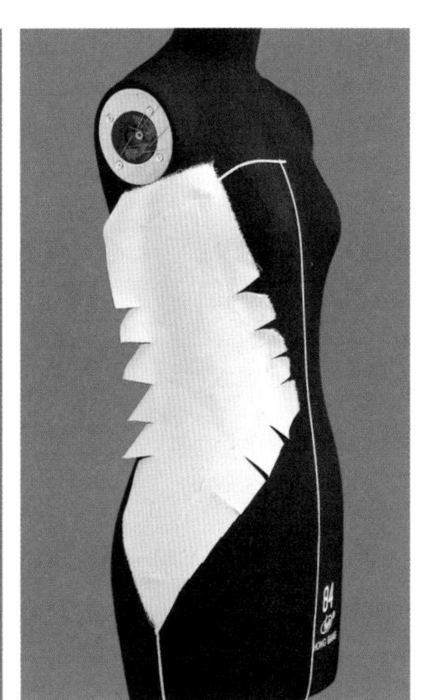

图4-4-3

以前中心线为直丝将前中片布料放上人台，保持布料横平竖直后，沿分割线适当修剪布料，并在腰部做剪口；在上胸口处将布料余量做出胸省（图4-4-4）。

完成胸省的缝合后修剪过多的余量并分缝平烫；拼合分割线后将衬衣放回人台修正（图4-4-5）。

三、前片褶裥的制作

根据款式取长度适中，宽度约为腰围处3倍的布料，以前中心为直丝放置到人台上（图4-4-6）。

保持布料整体丝缕横平竖直，将布料左侧按分割线进行固定（图4-4-7）。

整理腰围处的褶裥，用织带固定范围后调整褶裥形态，使之形成较为随机的细褶效果（图4-4-8）。

四、上下止口的确定

纵向褶

根据款式在上胸围处贴出圆顺的止口线，留3cm缝份后修剪布料余量。

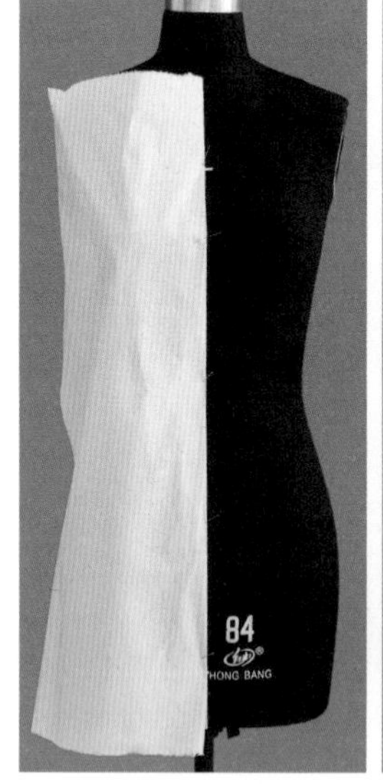

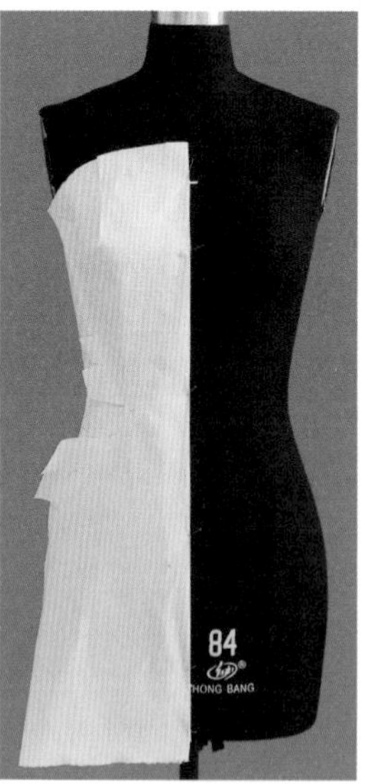

图4-4-4

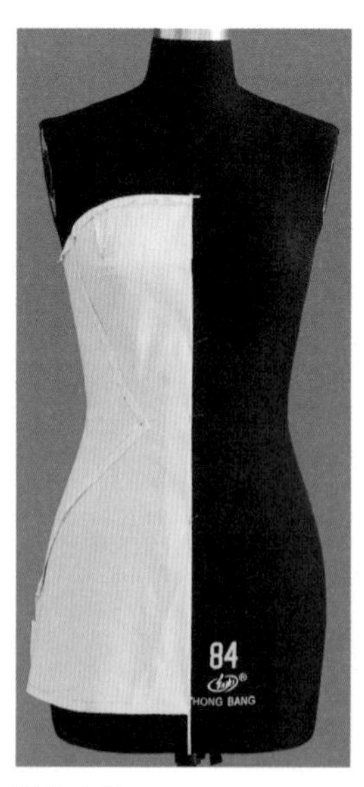

图4-4-5

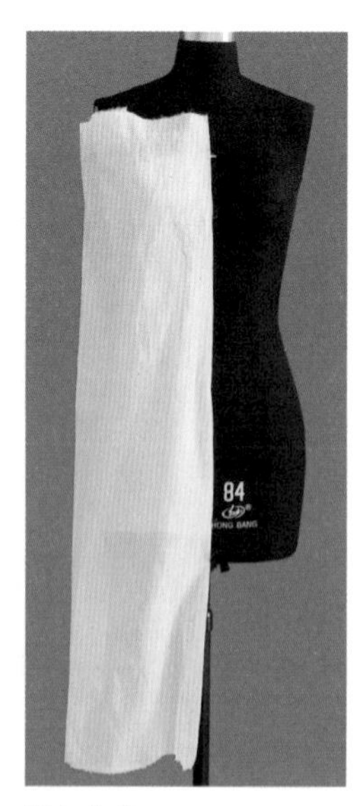

图4-4-6

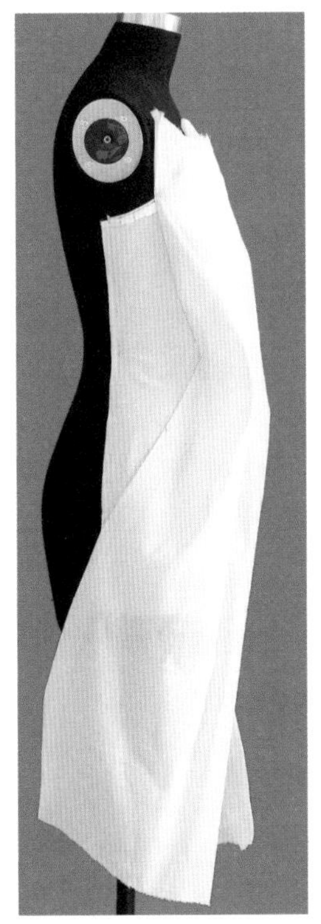

图4-4-7

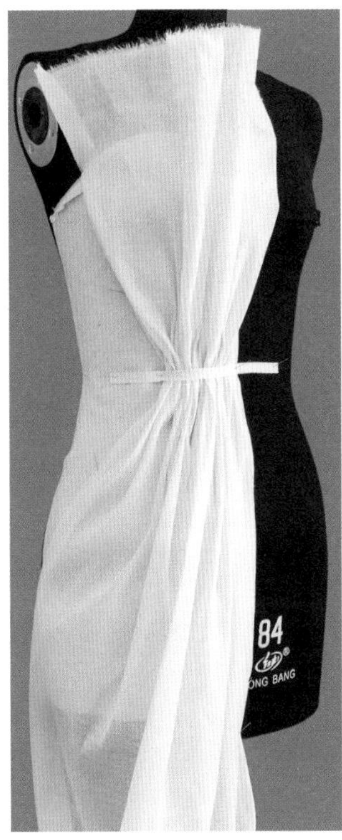

图4-4-8

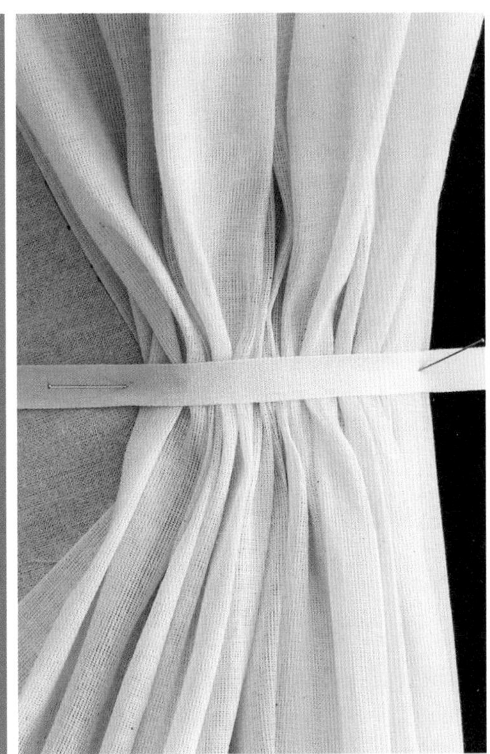

将缝份折光后整理褶裥并固定在衬衣上（图4-4-9）。

将下摆向上翻折，使折光处与款式下摆相符；根据里衬衣下摆贴出圆顺的止口线，留3cm缝份后修剪余量。

将余量折光后与内衬衣下止口线拼合，整理下摆使之形成较为丰满蓬松的状态（图4-4-10）。

五、缠绕装饰的制作

取长150cm、宽40cm的布料，将两侧折光后稍作拧绞形成随意的褶裥，从后片经过肩部沿分割线向下逐渐固定布料，并在腰围处形成缠绕效果后继续向下沿分割线固定，直至下摆，最后将布条止口与褶皱逐渐重叠并藏于分割线处（图4-4-11）。

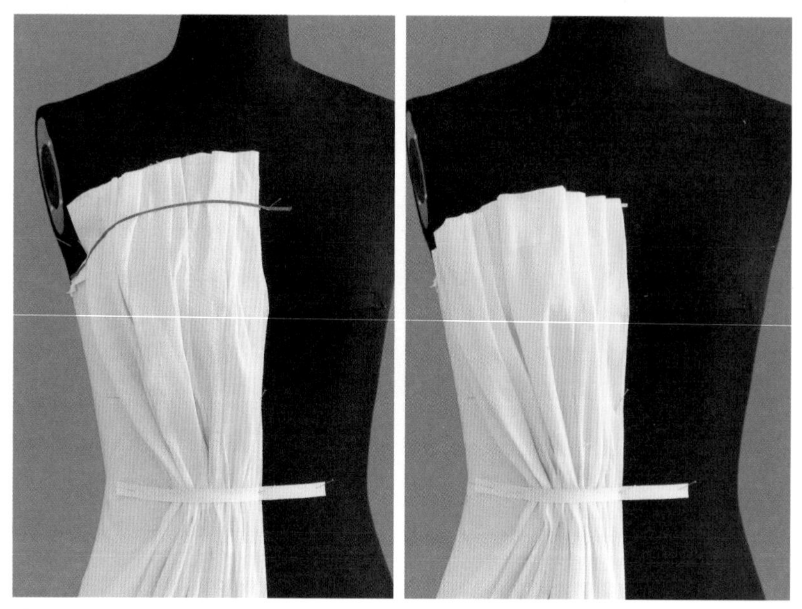

图4-4-9

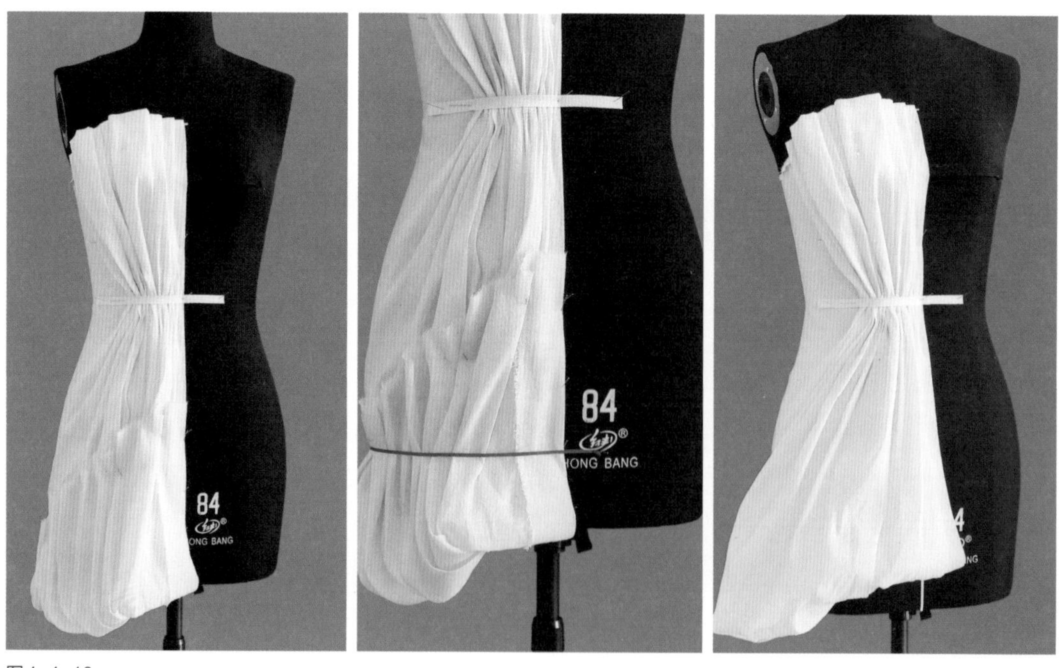

图4-4-10

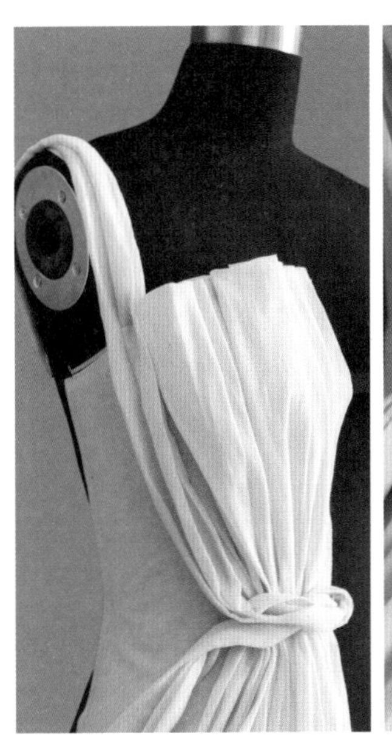

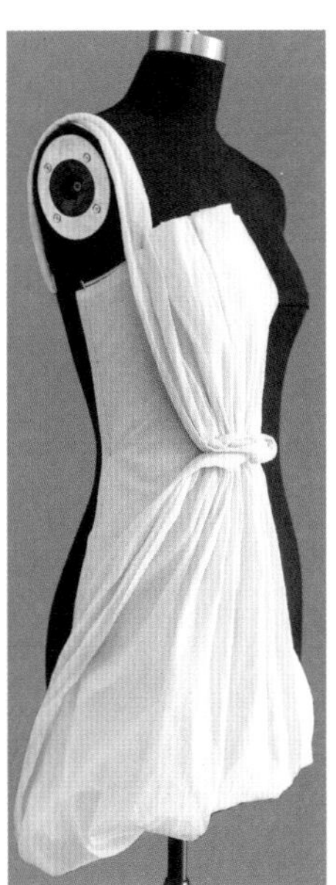

图4-4-11

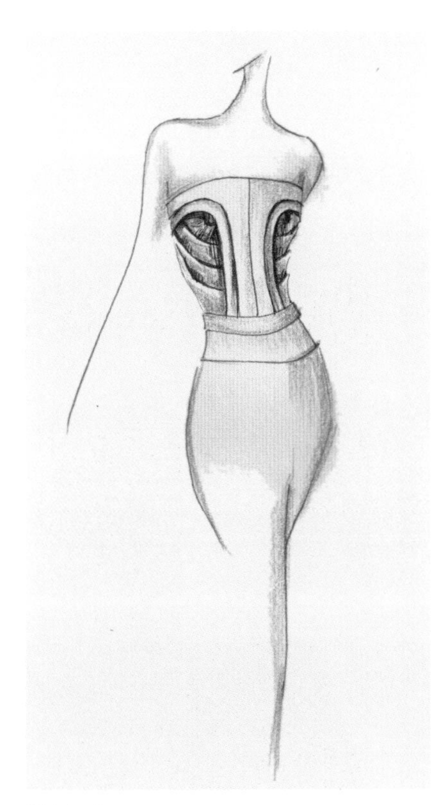

图4-5-1

第五节　立体褶

一、款式分析及人台准备

款式中胸部造型得以强化，形成较大空隙，并在胸下形成较为均衡的三个褶裥，褶裥圆润而立体，与胸部造型呼应。为突出整个胸部的立体效果，上胸围、前中心和腰部都比较合体（图4-5-1）。

根据款式在人台上贴出略带弧度的上止口线，在腰围线下6cm左右贴出水平的下摆线，与腰围线一起形成腰部育克（图4-5-2）。

二、胸部衬布的制作

根据款式轮廓线准备长宽适度的布料，以前中心为直丝，折光后将布料放上人台。

沿胸部上止口线保留约3cm缝份后修剪余布，并做一些剪口使上止口合体。

在胸高点下方做胸省，保持面料平服并尽量合体（图4-5-3）。

缝合胸省，保留约1cm缝份后修剪余量并分缝烫平。上止口缝份折光后将衬布放回人台检验效果（图4-5-4）。

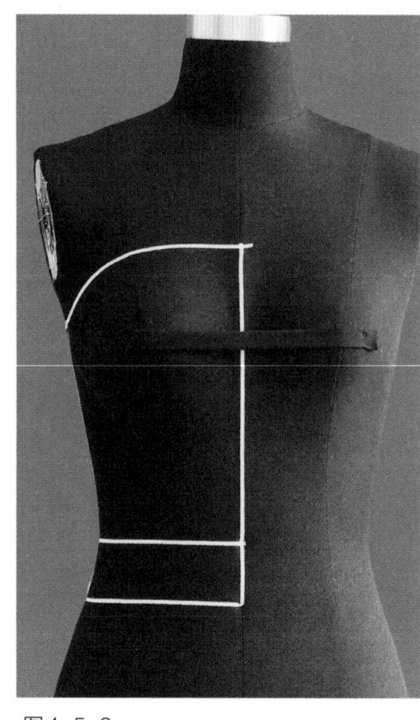

图4-5-2

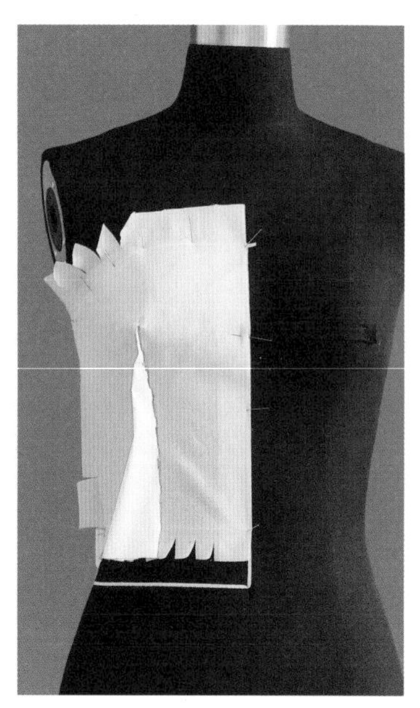

图4-5-3

三、胸部立体褶皱的制作

根据款式在完成的衬衣上贴出立体褶皱的轮廓线（图4-5-5）。

取一块正方形或圆形布料，沿斜丝方向对折后将其放上人台，在胸高点处通过折叠形成空隙，在布料四周做剪口使其贴合胸部（图4-5-6）。

Tips >>>

注意保持折痕与之前的胸部造型贴合，并与人台有一定的空隙，形成协调的立体状态。

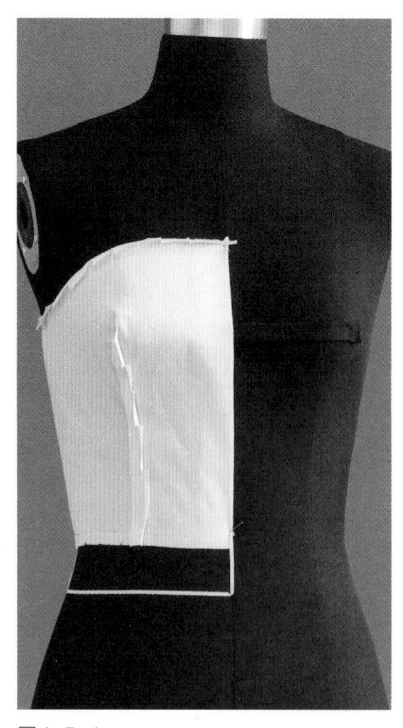

图4-5-4

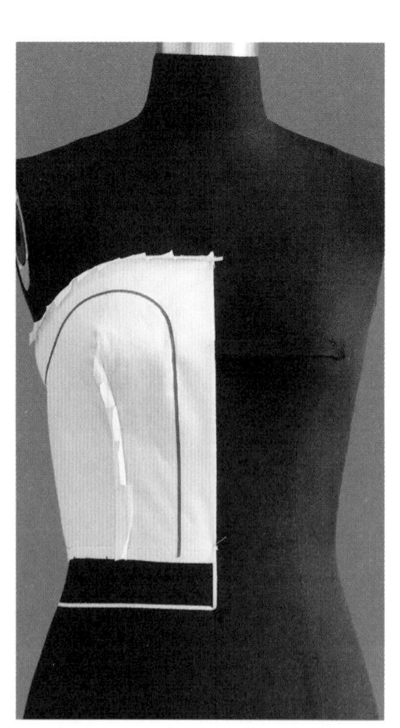

图4-5-5

在完成的胸部造型上贴出第一层褶皱的款式线，取大小适中的布料将其沿斜丝方向折叠后放人台上，固定在两侧（图4–5–7）。

将第一个褶皱下面的面料折叠后拎起，制作第二次褶皱，用同样的方法制作第三层，注意控制每层之间的间距，使其尽量均衡；注意控制折痕与人台的空隙，使整体的立体形态能自然过渡到腰部（图4–5–8）。

完成所有褶皱后重新贴出轮廓线并修剪余量（图4–5–9）。

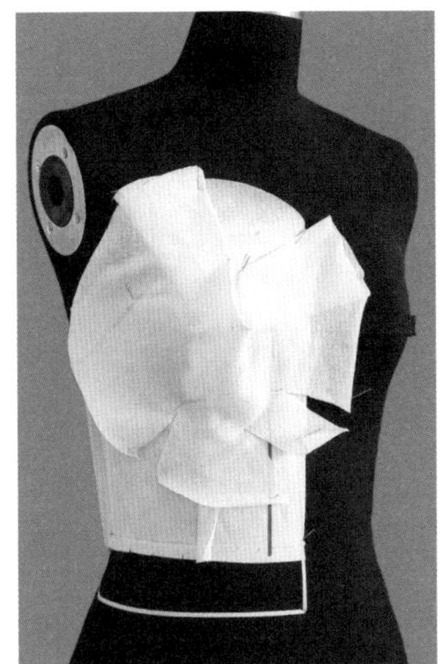
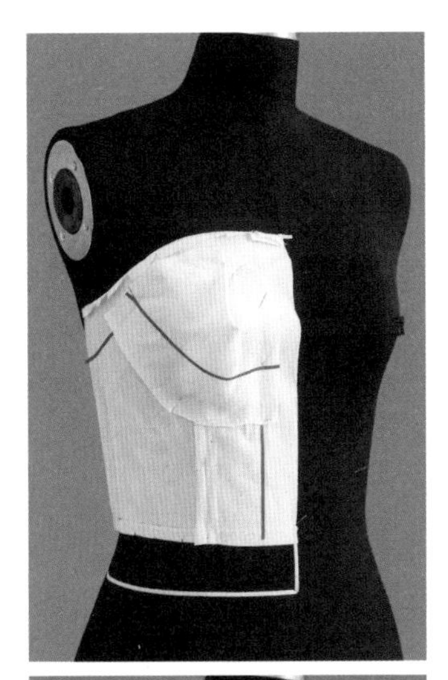
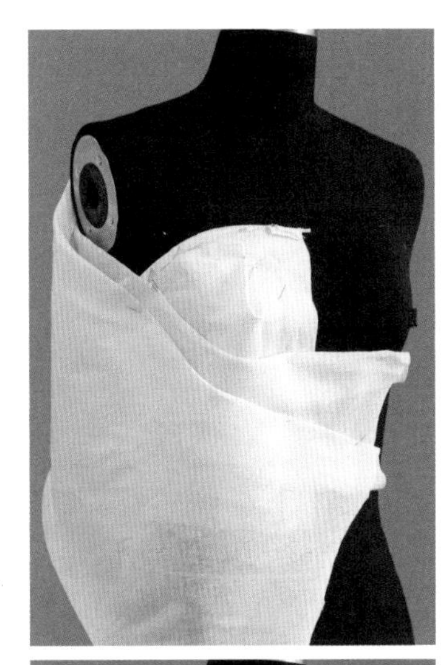
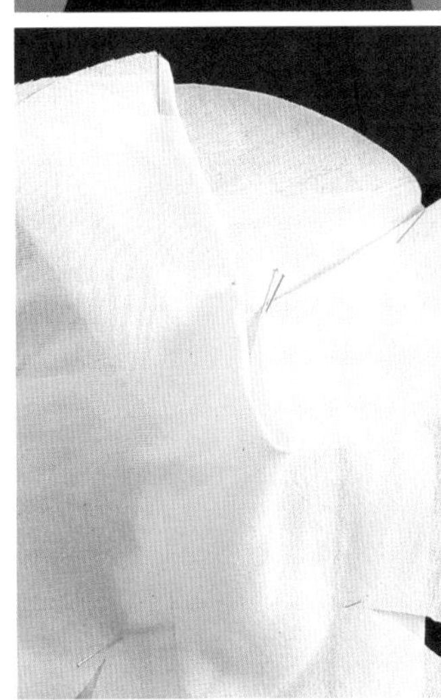
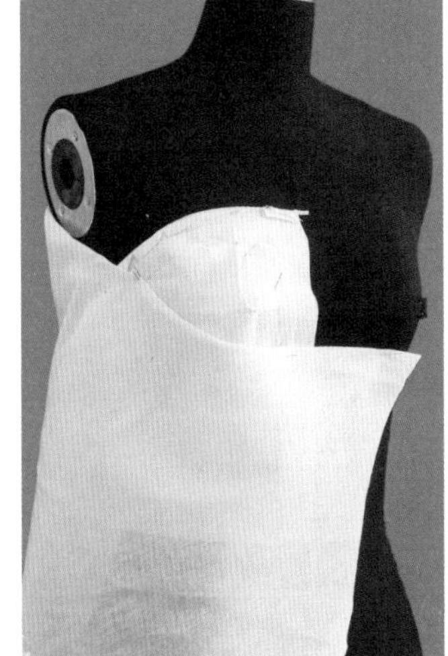
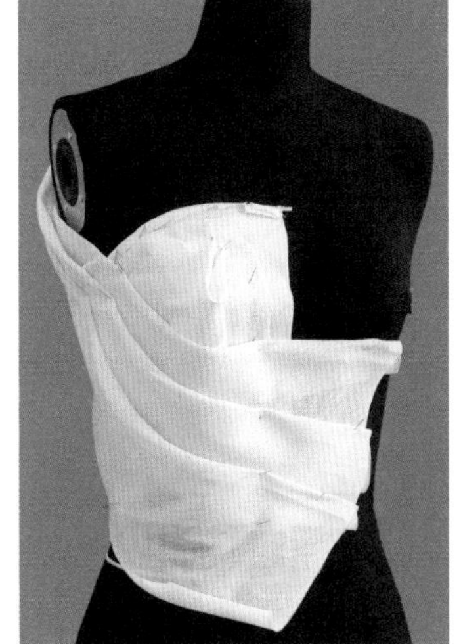

图4-5-6

图4-5-7

图4-5-8

四、胸部边缘的制作

取宽约15cm的斜丝布条，将其对折后沿弧形轮廓线放上人台，适当调整其高度使布条能符合立体形态的要求；沿轮廓线固定后修剪布料余量（图4-5-10）。

在完成的立体边缘上重新贴出轮廓线，取长宽适中的布料以前中心线为直丝将布料放上人台（图4-5-11）。

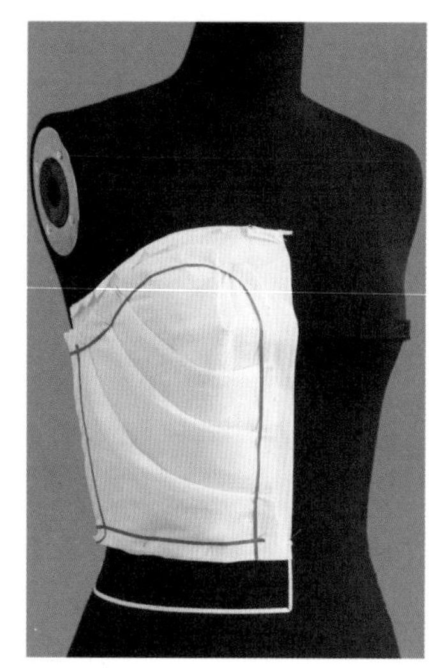

图4-5-9

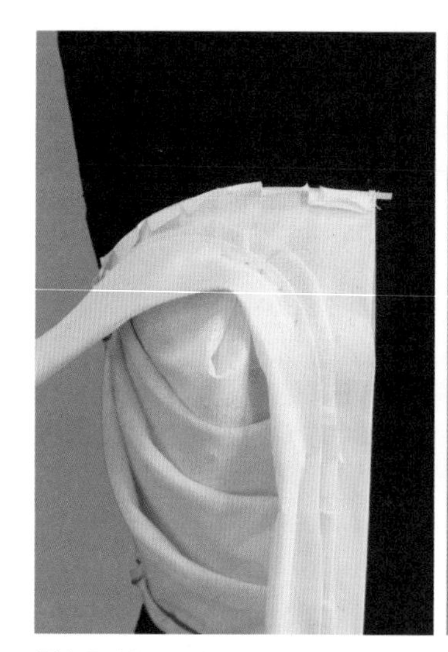

图4-5-10

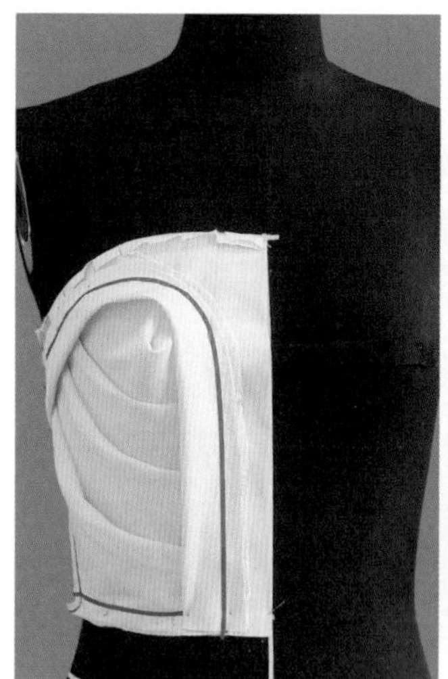

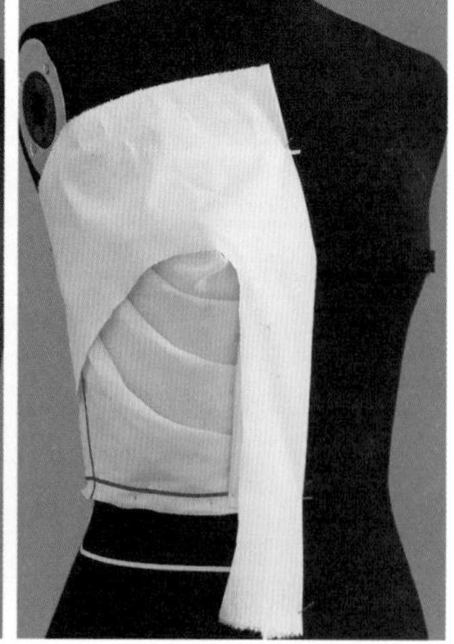

图4-5-11

沿轮廓线保留3cm以上的缝份后修剪余布，并作密集的刀口，以使布料贴合轮廓线，注意保持已经完成的褶皱造型的立体状态（图4-5-12）。

完成最外层后立体制作腰部育克，拼合后放回人台观察效果（图4-5-13）。

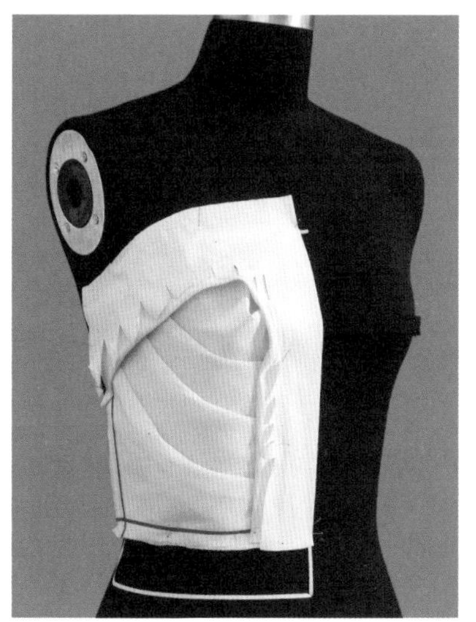
图4-5-12

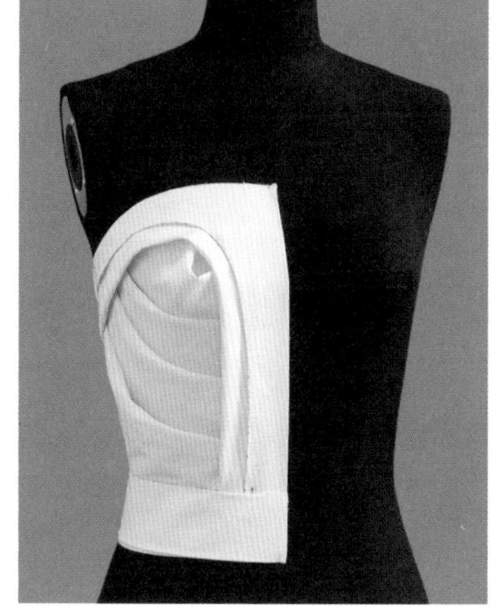
图4-5-13

第六节　编织

一、款式分析及人台准备

这是一款抹胸胸衣，胸部被纵横向的编织覆盖，胸下仅纵向布条体现镂空效果，形成虚实对比（图4-6-1）。

首先贴出胸衣轮廓线：上胸围略带弧度，下摆形成明显的尖角；然后根据款式中胸部造型的面积贴出下胸围线。因为胸部以下众多布条的走向要根据编织情况决定，这里只需要在胸高点附近贴出一条标识线作为指引即可（图4-6-2）。

二、胸部编织

首先将纵向的织带逐一排列并固定在上止口上方，排列时织带间无需空隙；下方按照指引的标识线定出大致的走向，保证织带长过下止口5cm以上即可（图4-6-3）。

将第一条横向织带以平纹组织的交织方式放置最上端，并在两端固定（图4-6-4）。

按照相同的方法穿入第二、三……其他横向织带，因为胸部的凸起造型，横、纵织带在交织时会形成一定的空隙，且空隙在胸高点处最为明显，尽量通过移动织带使空隙基本均衡；同时横向织带在前中和侧缝都会有一定程度交叠，尽量保持交叠量的均衡（图4-6-5）。

图4-6-1

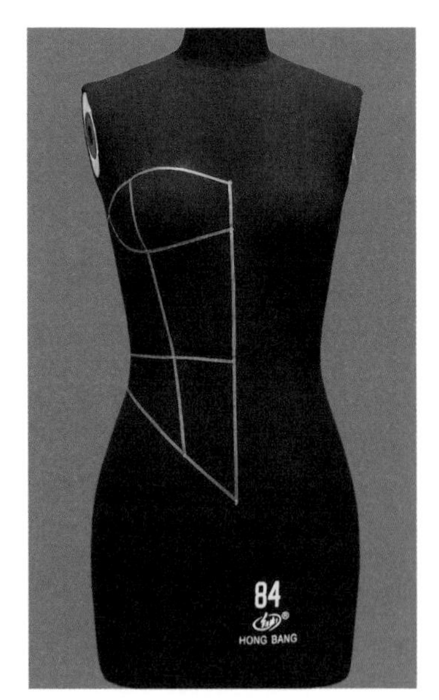

图4-6-2

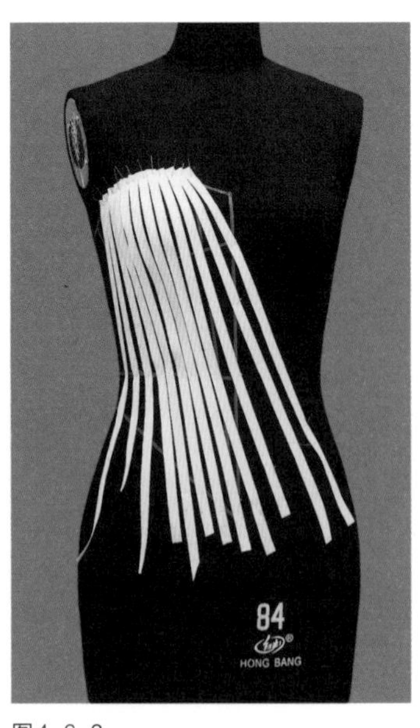

图4-6-3

图4-6-4

三、下部的立体制作

完成编织后整理余下的织带，使其间隙基本均衡地排列在胸部下方，腰围线处用织带水平定型（图4-6-6）。

根据轮廓线修剪上下止口线和前中心线，保留约0.6cm的缝份；将织带对折后按轮廓做出圆顺的上止口线（图4-6-7）。

编织

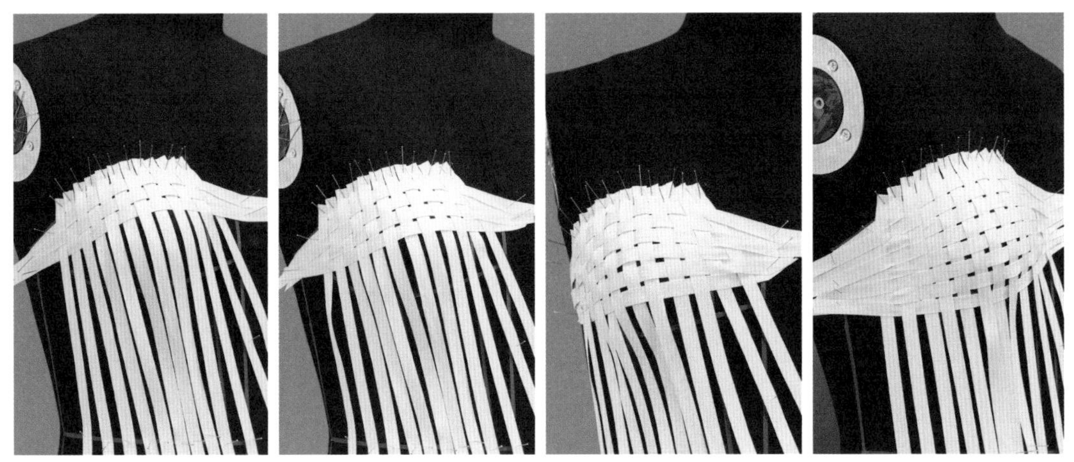

图4-6-5

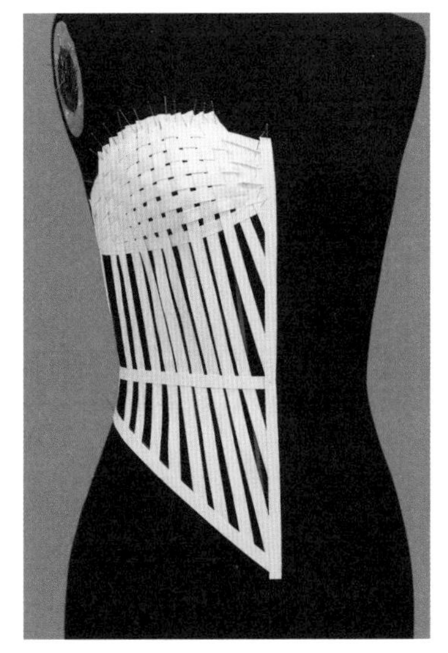

图4-6-6

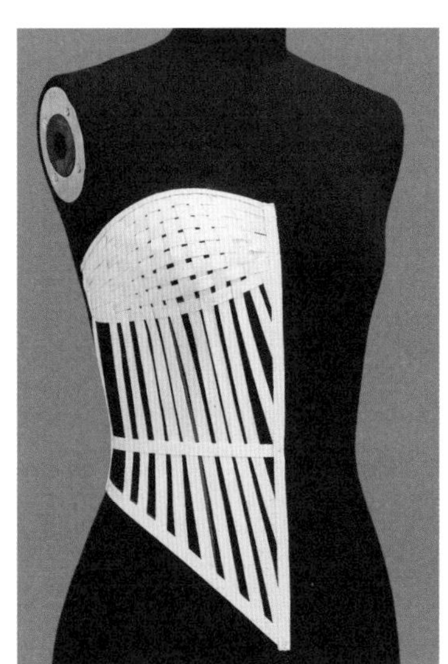

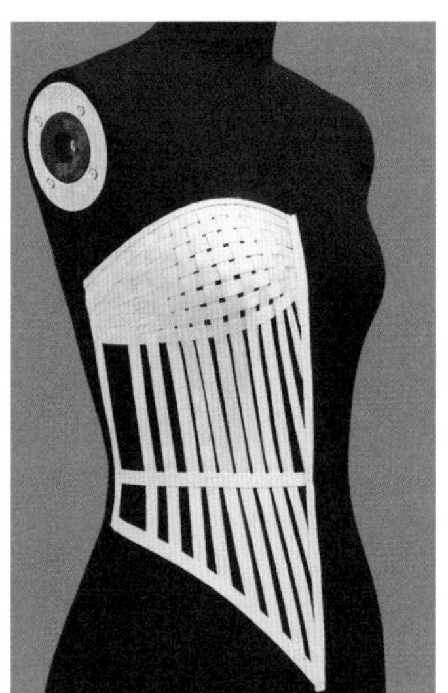

图4-6-7

第七节　堆积

一、款式分析及人台准备

图4-7-1

该款式在胸部有细密的堆积肌理，胸下形成自然的波浪，侧摆略长（图4-7-1）。

根据款式贴出略带弧度的上止口线，因为胸部有堆积，因此在胸围线下约5cm处贴出基本水平的下胸围线作为胸部衬衣的轮廓线（图4-7-2）。

二、胸部衬布的制作

根据款式在有堆积肌理的下方制作衬衣，可在胸高点附近进行纵向的分割，以保证衬衣合体且稳定（图4-7-3）。

三、面料的放置

取胸围处宽约三倍的布料，将上边缘折光5cm，面料放置时保持折光处超出内衬衣约1cm（图4-7-4）。

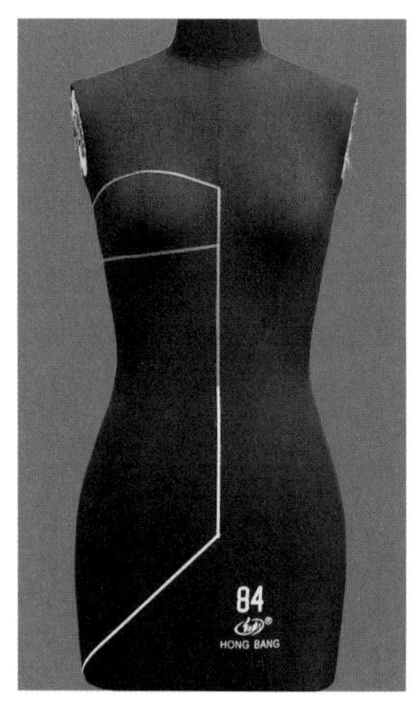

图4-7-2

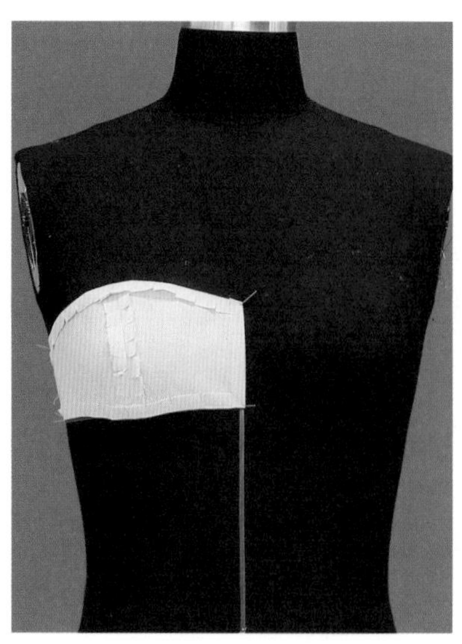
图4-7-3

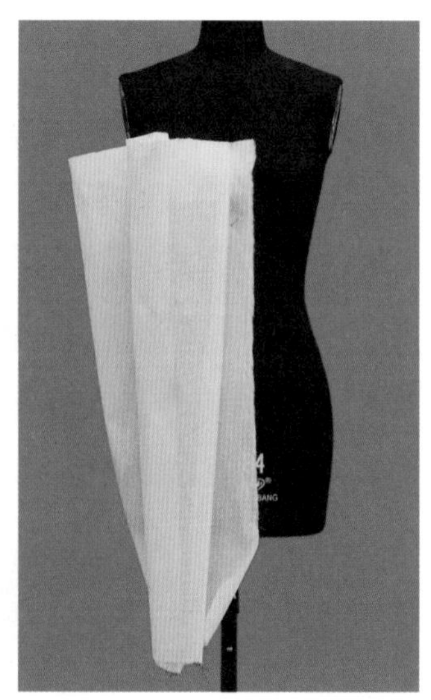
图4-7-4

Tips >>>

1. 面料向上推起时可以偏左或偏右并交替进行，以达到随意的效果。
2. 为避免布料因为自重过度下垂，不便于堆积，可将面料留出一定余量后固定在腰腹部（图4-7-7）。

将布料在上边缘处以褶裥的状态进行固定，为突出胸部的丰满效果，可在胸高点至前中心处褶量偏大，近侧缝处褶量稍小（图4-7-5）。

四、堆积的技法

将面料从下向上推起，推出大小基本均匀但又造型随机的堆积肌理，并用别针在褶皱下方进行固定（图4-7-6）。

按照上面的技法持续堆积，使在胸部形成随机而又均衡的效果，最后在衬衣下边缘适当整理布料，使之形成较为均匀的细褶（图4-7-8）。

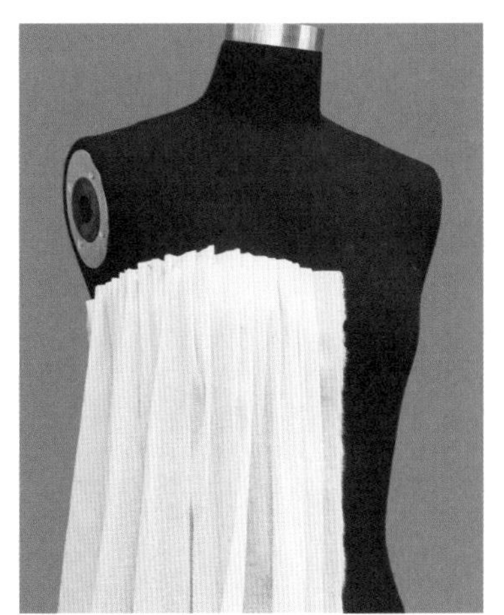

图4-7-5

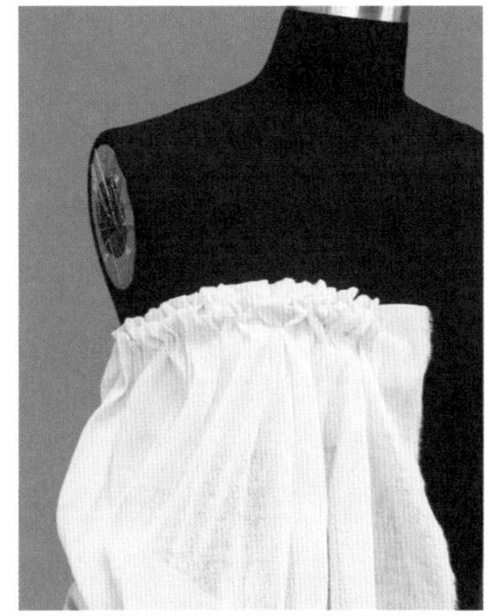

图4-7-6

图4-7-7

图4-7-8

图4-7-9

图4-7-10

五、侧缝及前中的收口

在前中和侧缝处将布料余量折光，并均匀地固定在前中心线和侧缝线上，使褶皱与周围的褶皱效果协调（图4-7-9）。

六、修剪下摆

根据款式确定下摆造型并进行修剪（图4-7-10）。

第八节　立体花卉

一、款式分析及人台准备

从款式图可以看出衣身的布条在下腹部盘绕出圆形的花卉（图4-8-1）。

在具体弧形轮廓没有确认之前先以花卉的最低点作水平下摆线。首先过胸高点贴出基本竖直的公主线，将前中心线至公主线的部分均分为四个部分，侧面均分为三个部分，一共形成七块（图4-8-2）。

图4-8-1

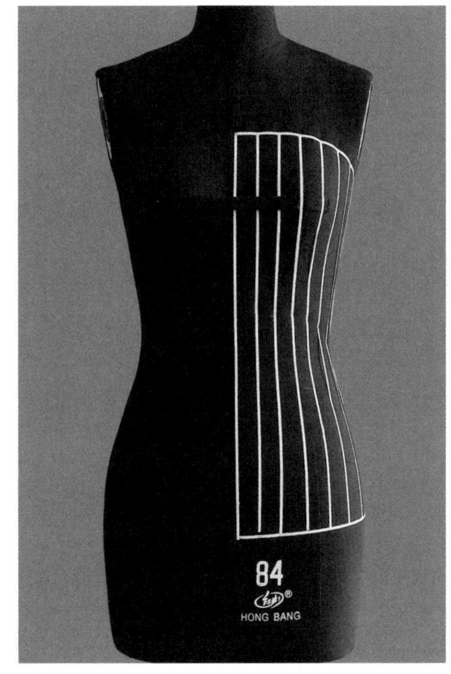

图4-8-2

立体花卉

二、胸部衬布的制作

如图4-8-3所示，根据款式轮廓线准备长宽适度的布料，以前中心为直丝，折光后将布料放上人台。

在胸高点下方做胸省，保持面料平服并尽量合体。

根据贴线在衬衣上描出所有布条的轮廓线。

缝合胸省，保留约1cm缝份后修剪余量并分缝烫平；上止口缝份折光后将衬布放回人台检验效果；为方便说明将七块衣片进行编号。

三、衣身的制作

胸高点到前中心为视觉中心，款式上分成四块，优先做除前中片的其他三块，每块的宽度基本相当，这里取宽约9cm的斜丝布条，将其对折后以折痕对准每块的轮廓线放置到人台上。制作时可以按照从中心到侧缝的顺序，将每一片侧面的衣片藏于之前的衣片之下，也可以从靠近胸高点的衣片往前中心放置（图4-8-4）。

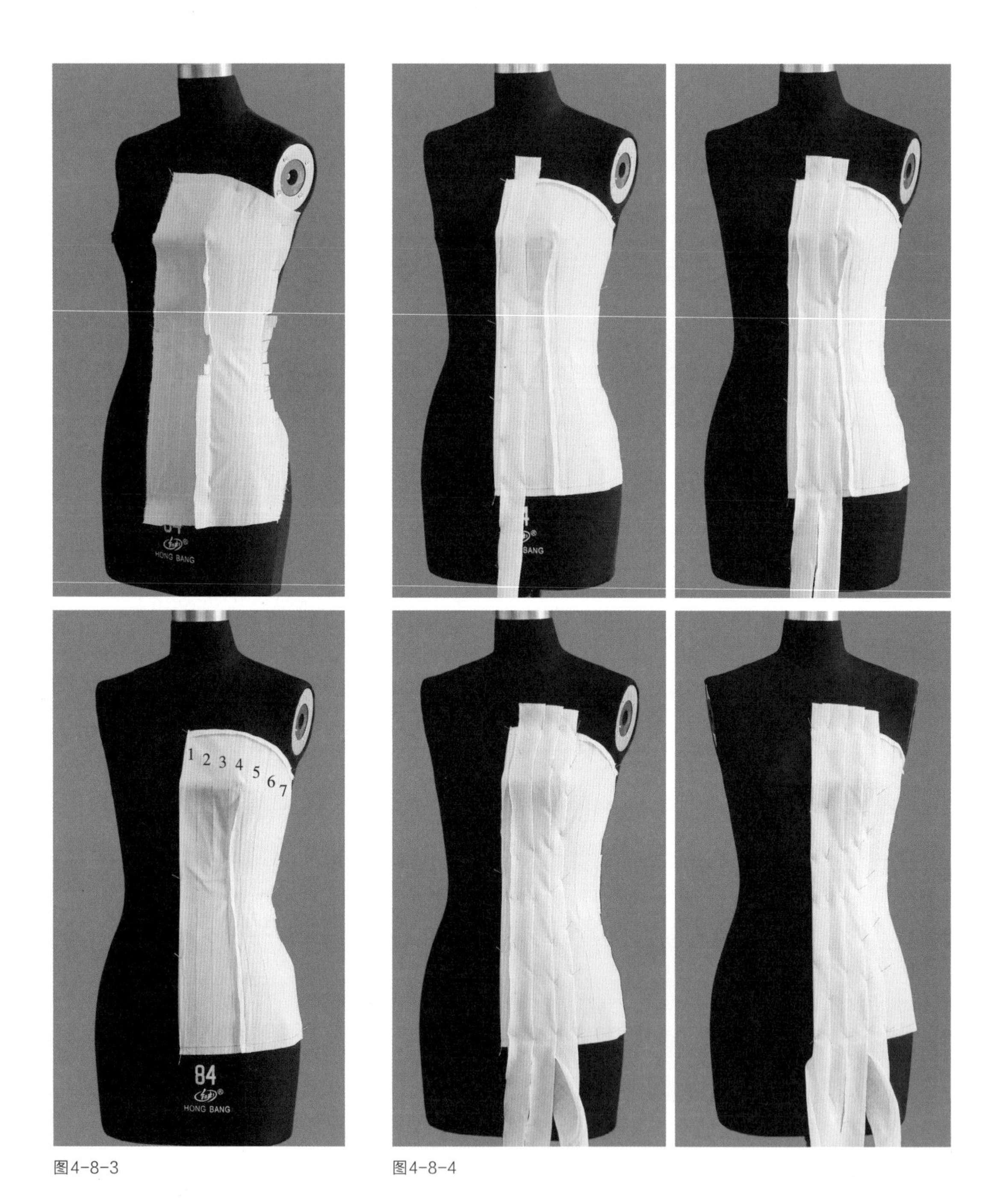

图4-8-3

图4-8-4

完成前中心三片的制作后，根据这三片的间距取布条的宽度，保持宽度在除去约1cm的缝份后与其他间距均衡，然后将布条折光后放置在前中心上（图4-8-5）。

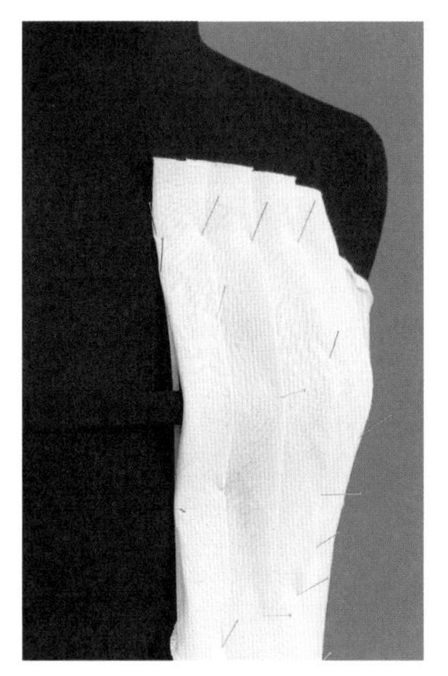

图4-8-5

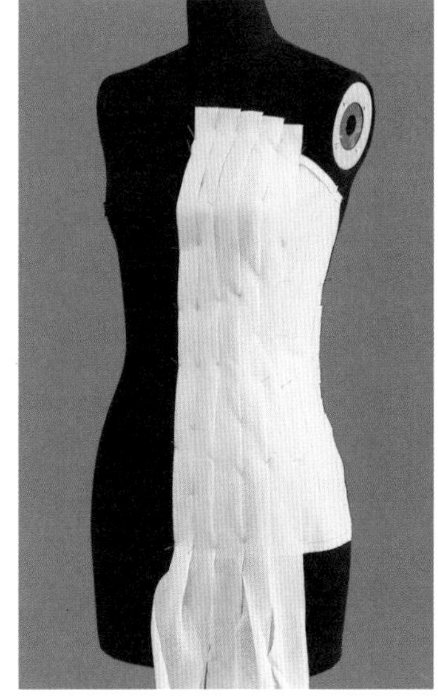

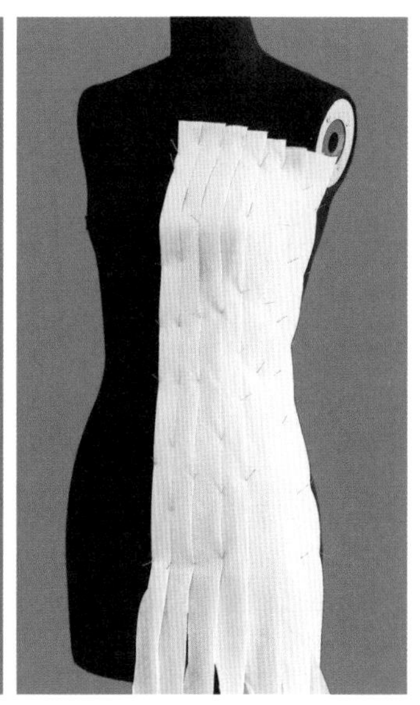

图4-8-6

衣身侧面由三片组成，因为人体曲线的变化，其宽度比前中心四片略宽，这里取12cm的斜丝布条；最侧面的衣片不参与花卉的缠绕，为了覆盖成型后的花卉四周，侧片宽度要明显宽于其他衣片，这里采用18cm的斜丝布条。

侧片的制作方法与前中各衣片基本相同，所有衣片相互交叠固定直至衬衣底部（图4-8-6）。

四、花卉的制作

将衬衣腰部以下的别针移除后，取靠近侧缝的第六片布条在腹部侧面初步盘出花卉的大小和造型，多余的布条卷起后作为花心，保留约0.5cm缝份后用别针在布条边缘固定（图4-8-7）。

按照第六片布条盘出的造型将第五片布条沿外侧固定，注意保留一定的、均匀的空隙，并将余布藏于花芯。

用相同的方法把其他布条逐一盘绕，在盘绕时注意调整布条间的空隙，使其均衡（图4-8-8）。

所有布条都完成盘绕后调整每块布条在花卉上部的止口位置，使其与花卉形成协调的螺旋状（图4-8-9）。

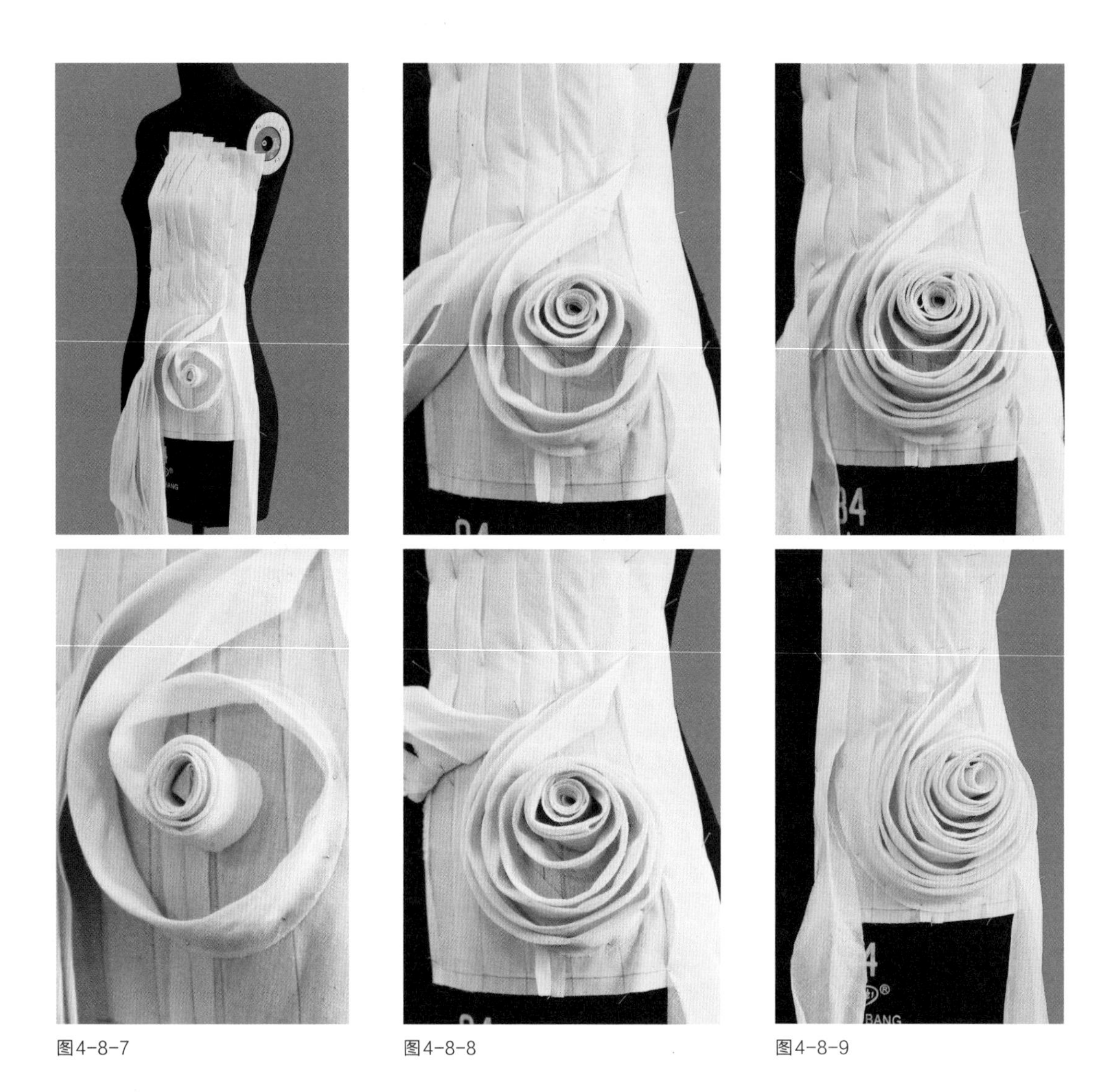

图4-8-7　　图4-8-8　　图4-8-9

五、衣片轮廓的修正

花卉定型后根据前中位置的外轮廓修正衬衣前中心轮廓线；

用标识线根据衬衣上止口线贴出圆顺的轮廓，并修剪余量（图4-8-10）。

六、花芯的确定

完成整体造型后通过观察发现花卉中心因为余布过多密度较大，

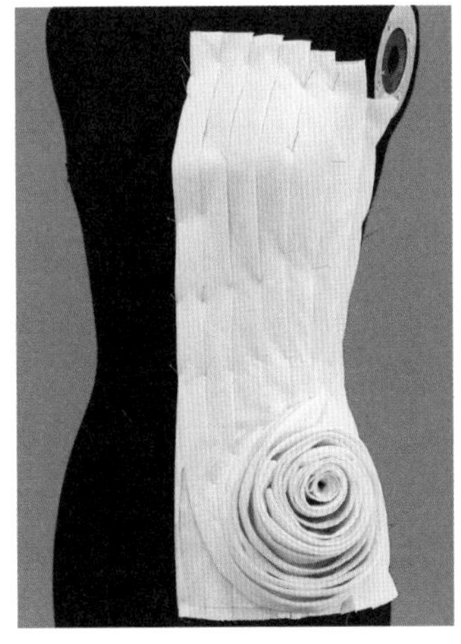
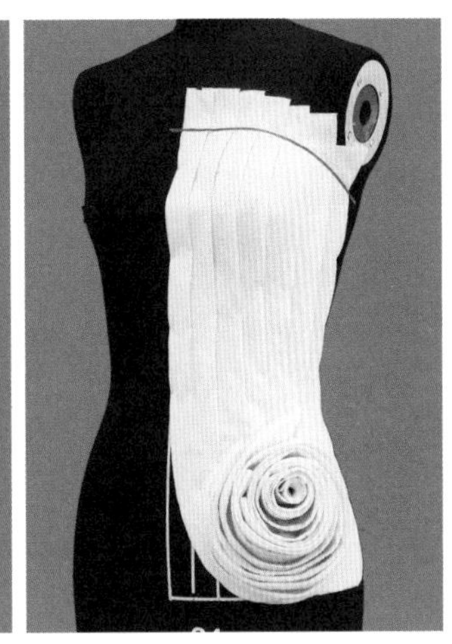

图4-8-10

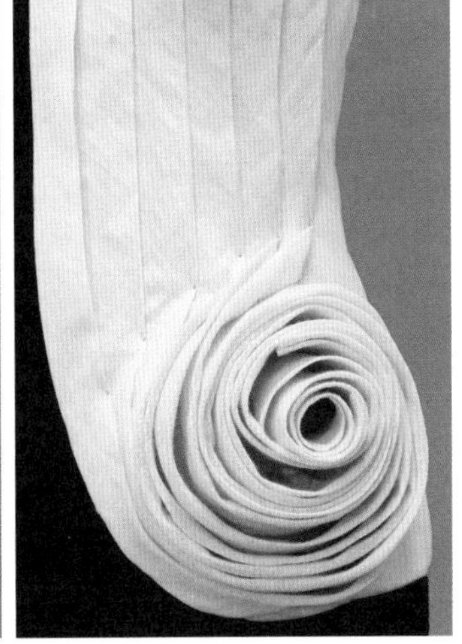

图4-8-11

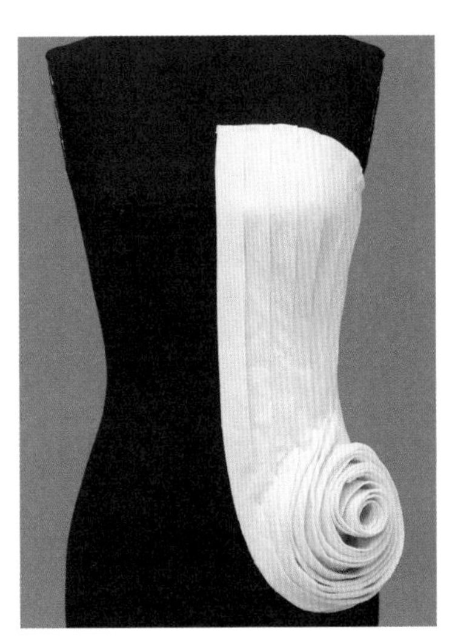

图4-8-12

可将余布取出进行修剪再重新卷好放进花芯，注意避免每片布条在同一位置结束（图4-8-11）。

造型确认后将布条长针缝于衬布上（图4-8-12）。

思考与练习

1. 收集礼服立体造型局部款式10个。
2. 选择其中一个局部款式，用立体制作的方式完成其造型。

学生作品赏析

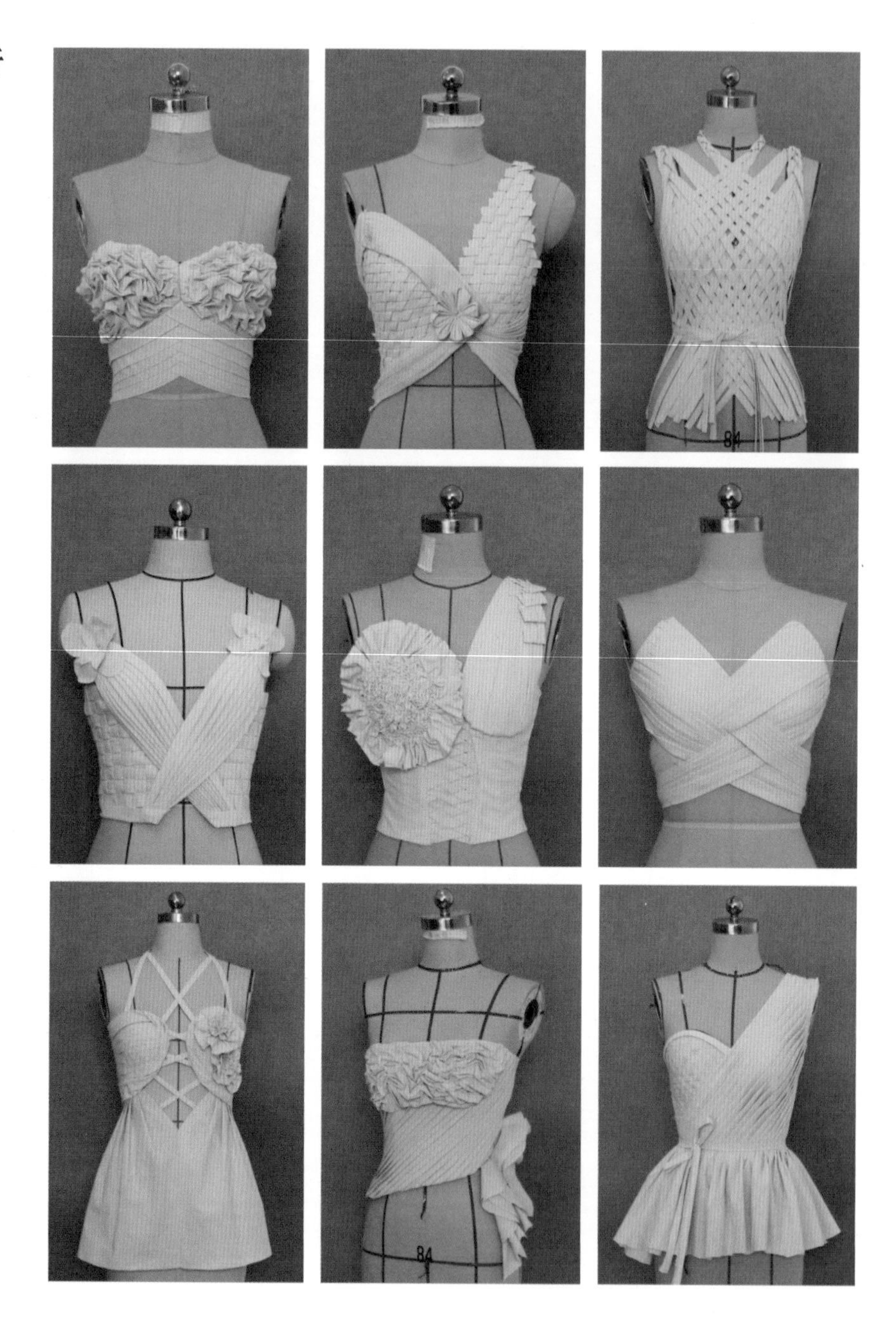

学生作品赏析–礼服立体造型

更多学生作品请扫码赏析

第五章

礼服装饰的常用技法

课题名称：礼服装饰的常用技法

课题内容：1. 面料再造

2. 抽缩

3. 堆砌

4. 波浪

5. 褶裥

6. 手工装饰朵花

课题时间：8课时

教学目的：主要阐述礼服装饰造型的常用技法种类及其特点，并用代表性案例详尽说明如何运用该技法实现礼服的局部装饰造型，使学生掌握该装饰造型技法的运用要点

教学方式：讲授与练习

教学要求：1. 使学生能对礼服局部装饰造型的款式特征进行分析

2. 使学生能针对款式进行正确的结构分析、面料准备和流程设计

3. 使学生能用装饰造型的技法实现礼服的局部款式

第一节　面料再造

礼服除了通过立体造型塑造出符合人体的形态外，对款式而言还需要借助于增加装饰来突出独特性或美观性。礼服上的装饰技法众多，其中应用面最广泛的是面料再造。

面料再造又称为面料再设计，是指运用各种传统技法或高科技手段对面料进行再创性的设计加工，使面料在表面形成有别于原样的肌理效果，并在视觉、触觉上产生丰富多样的变化。早在18世纪，面料设计就已经开始以事实姿态引领时尚潮流。据统计，服装风格的改变相对缓慢，但面料每六个月就会出现一次革新，面料再造已经成为设计师设计作品的重要手段，推进了现代艺术中抽象、夸张、变形的表达，是服装设计提高产品附加值的一个重要途径。

一、面料再造的种类

面料再造的手法多种多样，主要可以分为五类：

1. **面料变形**　即改变面料原有的形态特征，在造型、外观上给人以新的形象。其设计方法主要有面料的抽褶、面料的重叠、元素的堆砌、面料的压拓等。对于金属、木等硬质材料，在面料再造时，要着重表现其表面的光滑与粗糙、凹与凸的肌理处理，而对柔软材质面料的再造，则多用折叠、抽纵、重叠等立体设计的表现手法，增加其层次感。柔软材料主要包括弹性好、可塑性强的轻薄型或稍厚一点的面料，如素绉缎、塔夫绸等丝绸面料以及驼丝锦、凡立丁等薄型毛料；柔软的皮革和各种化纤混纺或仿真丝面料等（图5-1-1）。

Christopher Kane
2009年春夏作品中面料层叠造型

Ronaldo Fraga
2014年秋冬作品中
压褶折叠的应用

Jean Louis Sabaji
作品中花卉造型的应用

图5-1-1

2. **面料附加** 即在成品面料的表面通过添加相同或不同的材料来改变织物原有的外观。常见的设计手法包括：贴、绘、绣、粘、挂、吊等，其中刺绣、珠绣、饰钉是日常服饰中最为常见的手法。面料附加性设计的材料多种多样，但所用材料一定要有利于面料的生产加工和使用方便，并且有一定的使用牢度，其中珠片、花边、铆钉、流苏、羽毛、金属等的附加性设计在服装中较为常见（图5-1-2）。

3. **面料整合** 面料整合设计方法试图突破传统的审美范畴，利用不同材料或不同花色面料拼凑在一起，在视觉上给人以混合离奇的感觉，用设计表达多种思维。此类设计主要采用组合式的拼接手法，需要一定的想象力和审美能力，材料之间的关系总结起来可大致分为软硬、厚薄、平凸、简繁、虚实、滑涩、亮暗等搭配类型。如毛皮与金属、皮革与薄纱、镂空与实料、透明与重叠、闪光与哑光等组合方式的运用（图5-1-3）。

Jean Paul Gaultier
2008年春夏作品中刺绣的应用

Nguyen Cong Tri
作品中立体造花的应用

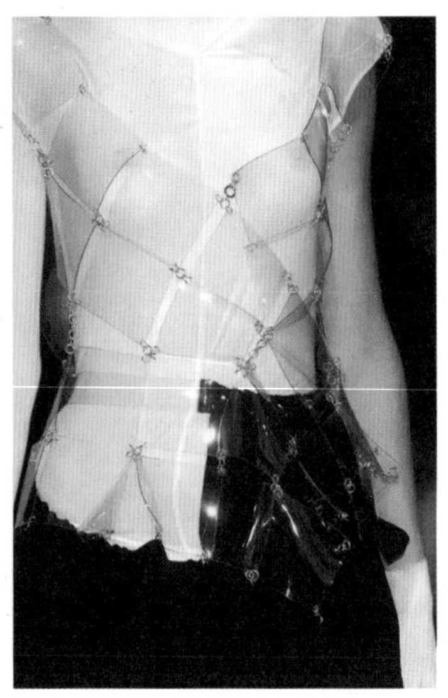

Yohji Yamamoto
作品中特殊材料的应用

图5-1-2

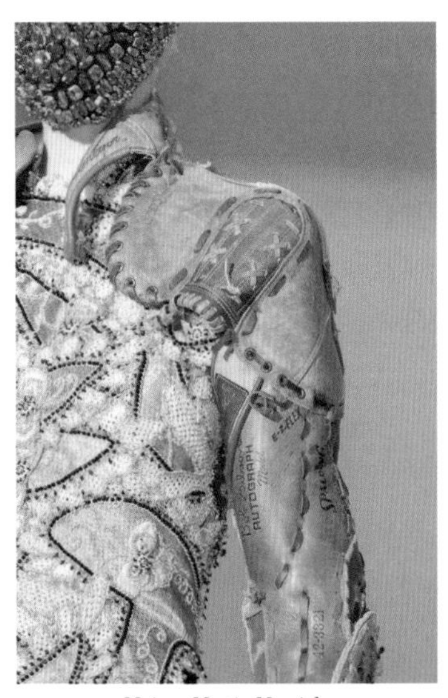

Maison Martin Margiela
作品中珠绣与皮革的整合设计

Walter Van Beirendonck
2015年作品中对比材质的整合设计

Marc Jacobs 2016年春夏作品中
针织与毛皮的整合设计

图5-1-3

4. **面料二次印染** 面料二次印染即利用染、印、绘等不同的手法来对服装面料进行二次再造，以丰富服装面料的装饰美感，达到理想的设计效果。印染形式主要包括手工染绘和机器印染，其中手工染

Felicity Brown 2010年秋冬作品中
褶皱晕染的应用

Sivan Nishri
作品中层叠染色的应用

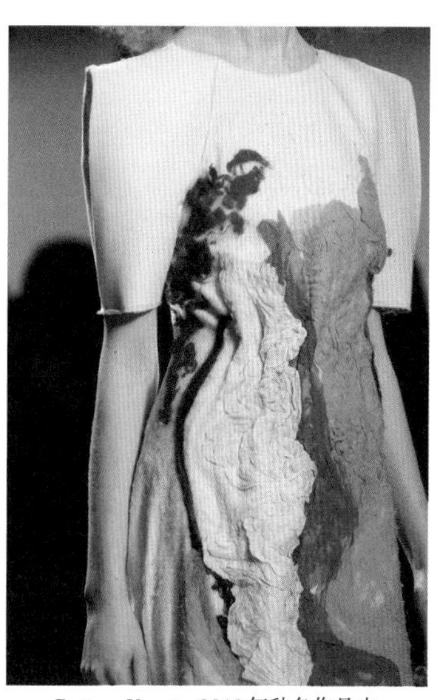

Bottega Venetta 2013年秋冬作品中
羊毛纤维染色的应用

图5-1-4

绘主要包括扎染、蜡染、手绘等。二次印染图案种类繁多，在应用时要考虑服装与图案之间的关系，以及图案的布局分配，使之成为一个协调统一的整体。如何将图案、色彩与服装的整体协调好是二次印染设计的重点（图5-1-4）。

5. **面料破坏性设计**　面料破坏性设计是指通过剪切、撕扯、磨刮、镂空、抽纱等加工方法，破坏成品或半成品面料的原有结构特征，造成面料的不完整性，从而产生无规律或破烂感等特征。常见的设计手法包括剪切、破损、做旧、抽纱、烧等，此类设计手法要在充分了解面料性能的前提下进行，根据面料的不同性能，选择合适的手法进行破坏性设计（图5-1-5）。

面料变形设计的形式多种多样，其手法从原始纱线、布料的织造、布料的印染、布料的造型应用到成品布料的再整理等，此外还有很多原创的再造手法，在众多的面料再造手法中，面料变形是使用最多的，面料抽缩和元素堆砌是面料变形中比较主流的两种方法，下面具体分析运用两种方法的要点。

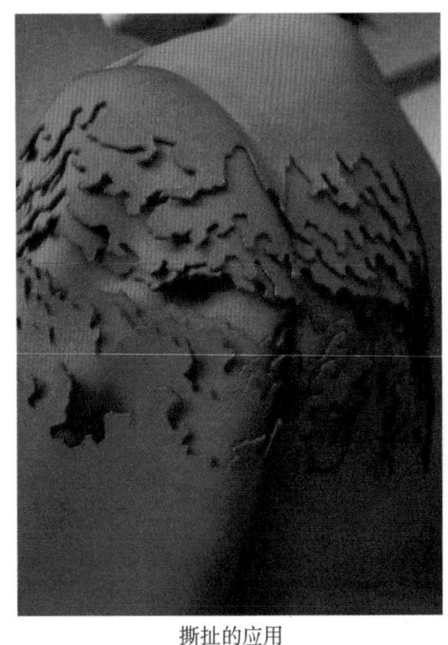
撕扯的应用

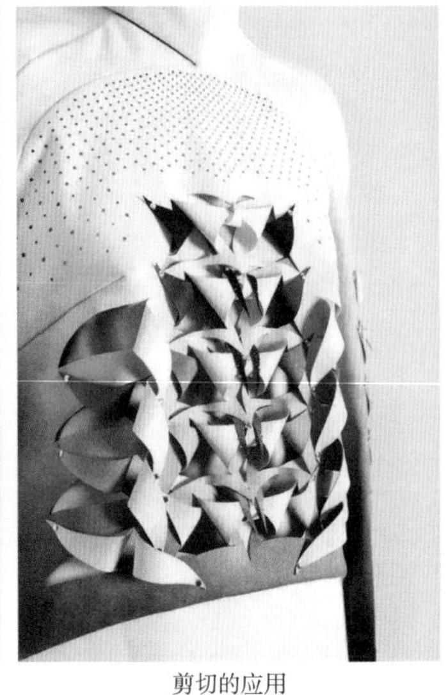
剪切的应用

抽纱的应用

图5-1-5

二、面料抽缩

抽缩是通过有规律地在面料背面对多个点位挑起一两根纱线，并进行连接打结从而在面料正面形成有规则的立体褶皱。抽缩形成的立体皱褶柔软富有弹性，因为经过有规则的排列和缝制，面料表面会形成一种有秩序的浮雕美，使原来平面的面料变得立体生动。抽缩造型主要与连接方案有关，不同的面料对抽缩外观也会形成一定的影响。连接方案主要有三种：直线连接、折线连接和弧线连接，连接示意图如图5-1-6所示，其中折线连接应用最广，抽缩造型也最为丰富。

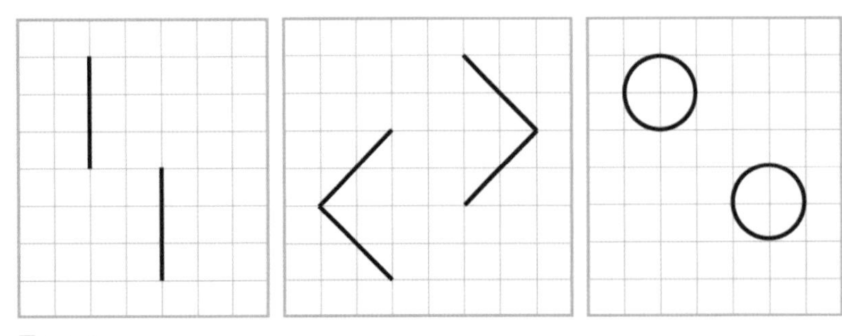

图5-1-6

1. **抽缩所需的主要工具**　面料收缩时会涉及多种工具，一般包括以下几种：

（1）坐标纸或方格纸：准备有标尺的方格纸，一般以1cm大小为基础线；

（2）记号笔：准备一根褪色笔，便于在抽缩完成后不影响作品的美观；

（3）画板/工字钉：将面料固定在大尺寸画板上，可以防止标记过程中因面料滑动而造成尺寸误差；

（4）锥子：当采用可透视的轻薄面料时，可以直接把面料放在方格纸上描绘抽缩点；当面料不能透视时，可用锥子将方格纸上的抽缩点刺穿，以方便将抽缩点标记在面料上。

2. **抽缩的具体操作步骤**

（1）在坐标纸上绘制抽缩方案图：不同的方案抽缩后布料缩小倍率不同，一般会缩小2~3倍，所以可以先做小面积的抽缩实验，确定尺寸缩率后再按需要准备布料大小（图5-1-7）。

（2）将抽缩点拓印到面料背面：可以使用拓印纸进行拓印，也可以用锥：子在抽缩点钻孔后再描到布料上（图5-1-8）。

（3）在面料背面将描点重新连接：因为拓印点比较密集，为避免出错可以在布料上用褪色笔重新绘制出抽缩方案（图5-1-9）。

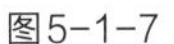

图5-1-7

图5-1-8

图5-1-9

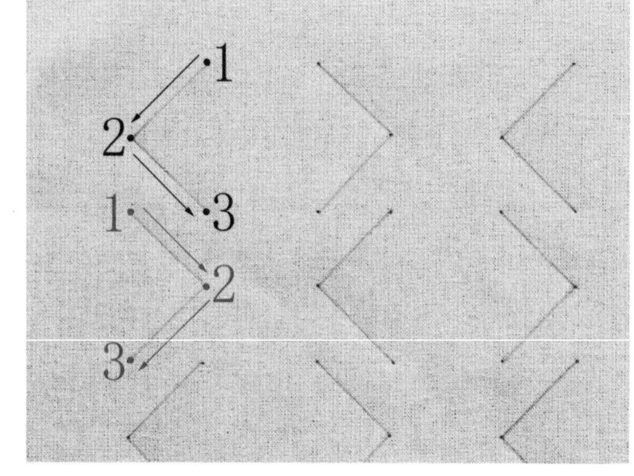

图5-1-10

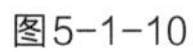

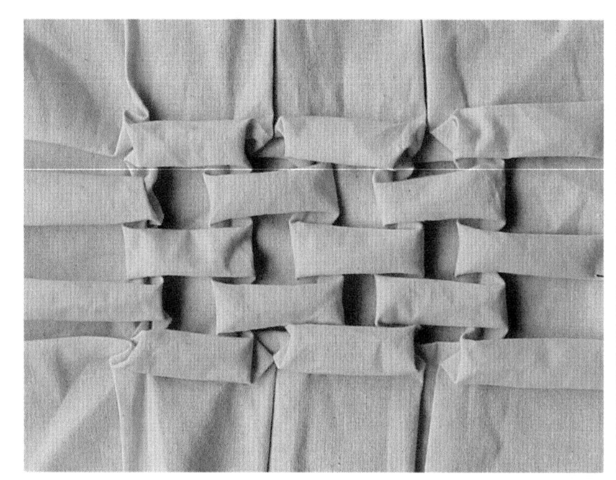

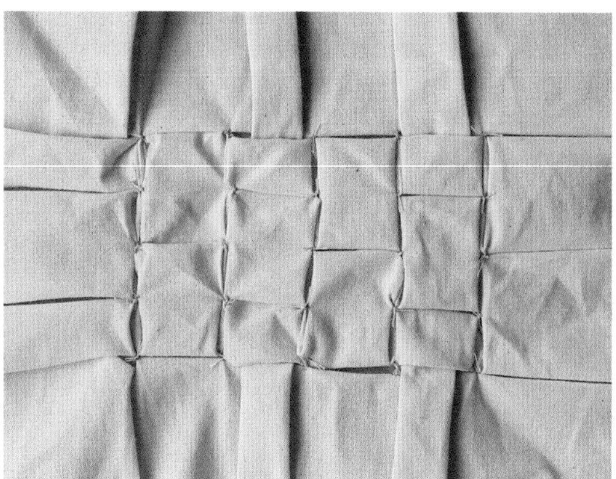

图5-1-11

（4）用针线抽缩：用针线按图示中1–2–3的顺序在抽缩点处挑起1–2根纱线，抽紧并打结；不同的颜色表示不同的两组，直至所有抽缩完成（图5–1–10）。

抽缩完成正背面效果如图5–1–11所示，因其出现如砖块一样紧密排列的效果，被称为砖纹。

3. **面料差异** 布料差异也是影响抽缩效果的重要因素，不同的面料因其厚度、挺度、弹性等性能差异，同一种抽缩方案会形成完全不同的效果。扭条纹是最为常见的一种抽缩效果，其抽缩方案如图5–1–12所示，为一组对称的折线连接，灰色方框即为一个循环。面料经过抽缩后会形成扭绞在一起的波浪造型，图5–1–13是分别采用化纤仿麻、

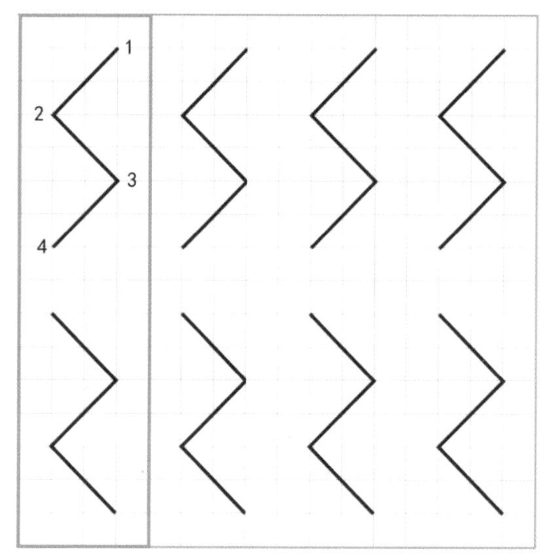

图5-1-12

牛仔棉布、色丁、化纤绡、PU和毛呢六种不同面料抽缩的扭条纹，虽然抽缩方案完全相同，但因为面料性能不同最终得到的抽缩效果存在非常明显的差异。

从抽缩效果对比中可以看出，质地柔软、悬垂性好的面料如化纤仿麻、色丁进行抽缩后几乎无需整理，波纹自然流畅，折痕柔和圆润；质地硬挺的面料如化纤绡、牛仔棉布和PU在抽缩过后需对造型进行一定的整理，波纹硬朗且折痕有比较明显的尖角；毛呢面料质地柔软，但比较厚实，抽缩后造型也比较自然流畅，但整体风格略微粗犷。

4. **抽缩方案** 抽缩方案中比较常用除了砖纹、扭条纹外，还有银锭纹、波动纹等。银锭纹完成后的效果像规律排列的银锭一样，抽缩连接线是一组对称的折线。波动纹因为抽

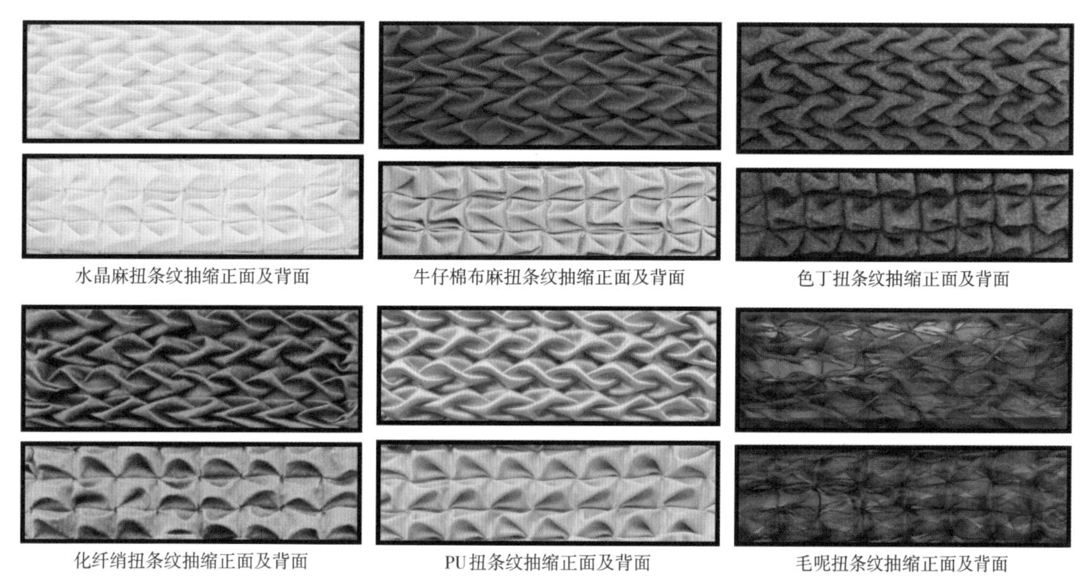

水晶麻扭条纹抽缩正面及背面　牛仔棉布麻扭条纹抽缩正面及背面　色丁扭条纹抽缩正面及背面

化纤绡扭条纹抽缩正面及背面　PU扭条纹抽缩正面及背面　毛呢扭条纹抽缩正面及背面

图5-1-13

缩连接线的形式是直线连接，所以完成后面料正面可以得到平行的波浪效果。通过抽缩路径、抽缩点、抽缩间距的设计，可以得到非常丰富的抽缩效果，图5-1-14展示了几种常见抽缩方案的抽缩图及正反面效果。

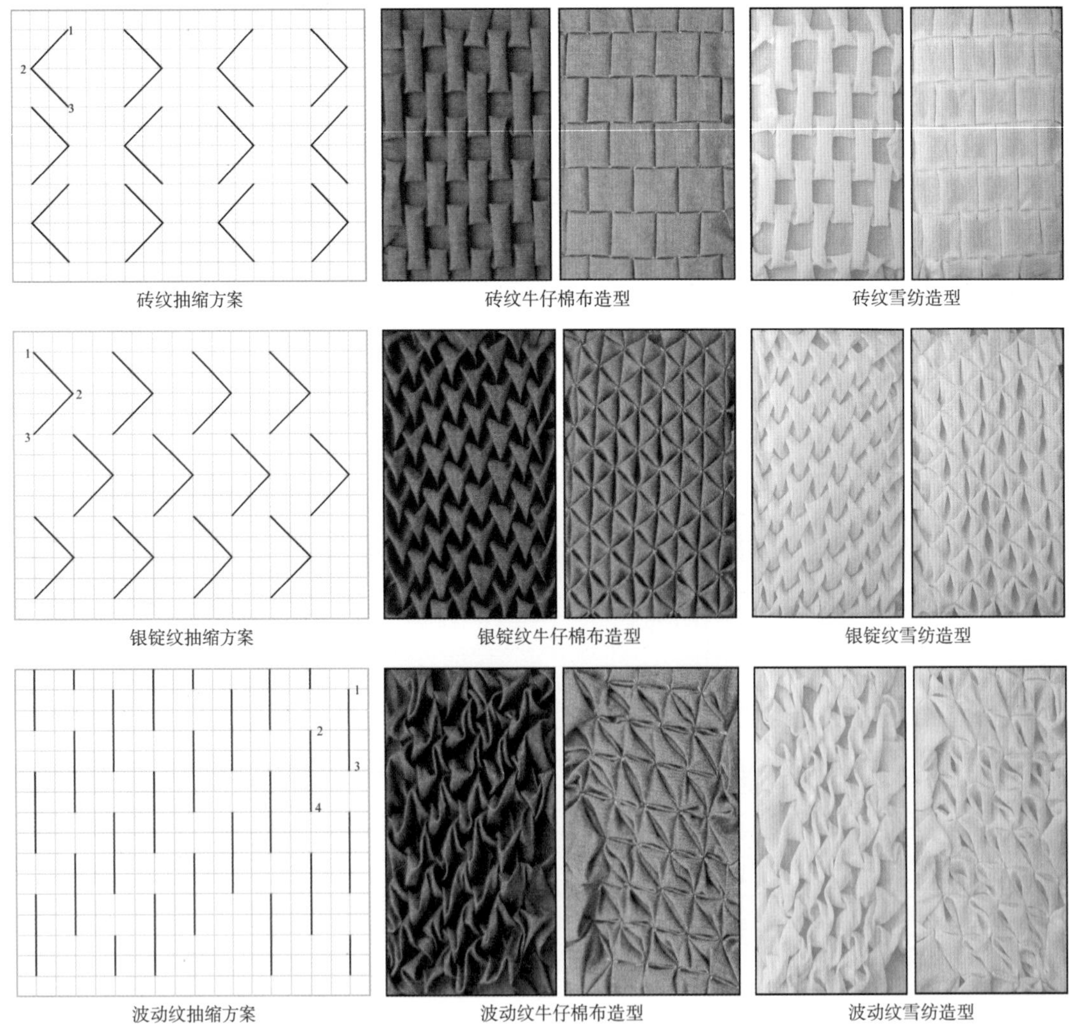

图5-1-14

第二节　抽缩

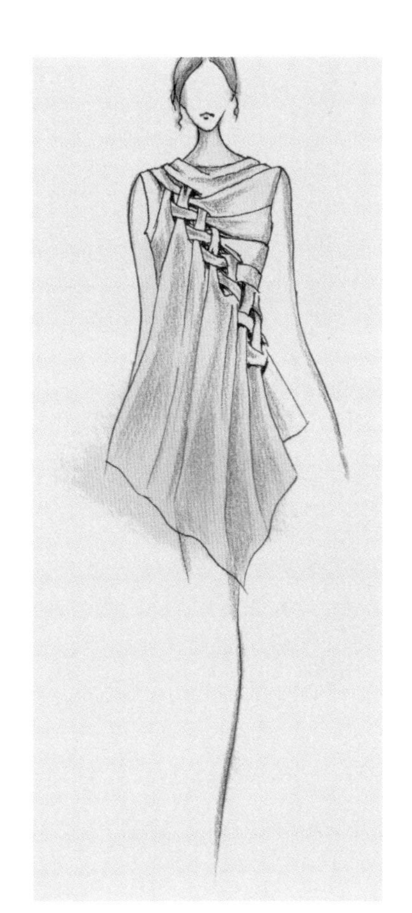

图5-2-1

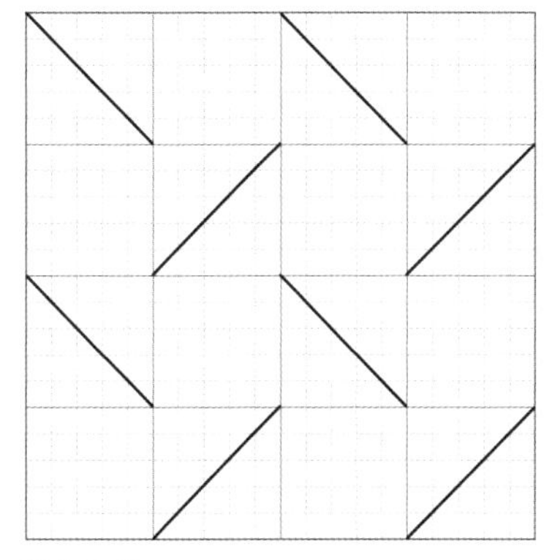

图5-2-2

为进一步说明如何将抽缩技法应用于礼服中，本节以一款面料抽缩为例说明其与人体的结合。

一、款式分析

从图5-2-1中可以看出这件礼服以抽缩形成的席纹造型从人台右肩贯穿至左腰，并在周围自然形成皱褶，肌理感丰富。这是应用面料抽缩后进行的再设计，因为款式较为宽松，具体轮廓取决于布料在人台上立裁的最终效果，因此可以不用粘贴款式标识线。

二、布料抽缩的平面制作

根据款式选取席纹为抽缩图案，如图5-2-2所示，从款式中能看出抽缩完的布料有13个交叠，尺寸较大，这里以5cm×5cm作为一个单位，建立4列约14行方格。

取100cm×100cm的正方形布料，将抽缩图案直接绘制在布料中心后进行抽缩，为获得较为松弛的抽缩效果，缝线打结时留出约1cm的空隙（图5-2-3）。

抽缩完成后整理正面效果，在抽褶处形成较为清晰的褶裥（图5-2-4）。

三、抽褶布料的立体制作

将抽缩好的布料斜向放置到人台上，保持第一个交叠点在人台领圈线附近。

根据款式整理右肩造型，使在肩部形成明显的褶裥。

因为抽缩后形成的褶裥，领口处自然形成了较浅的两层垂荡，整理布料使之形成不对称的领型并在领圈上止口附近

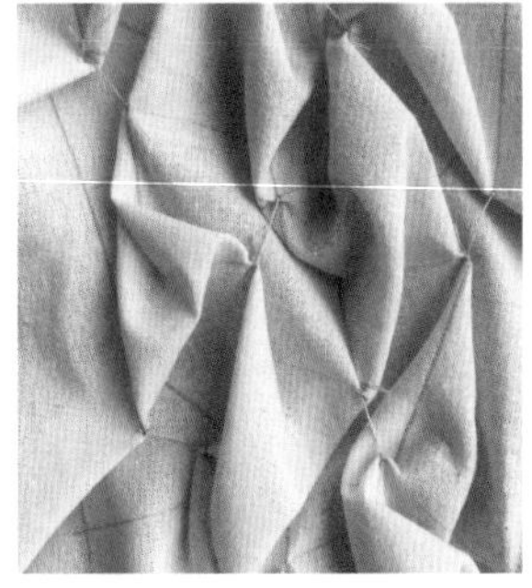

图5-2-3

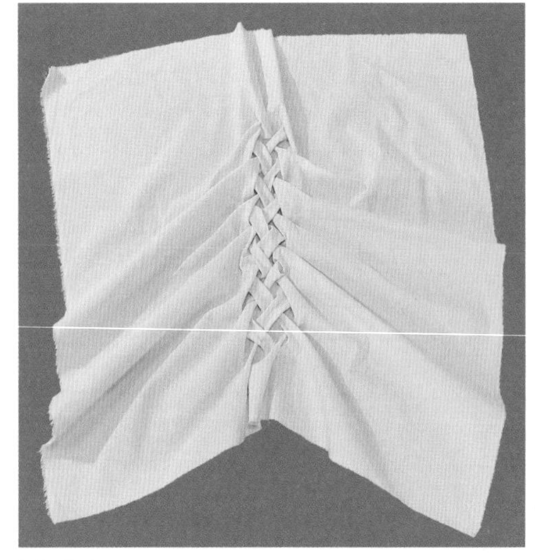

图5-2-4

抽缩

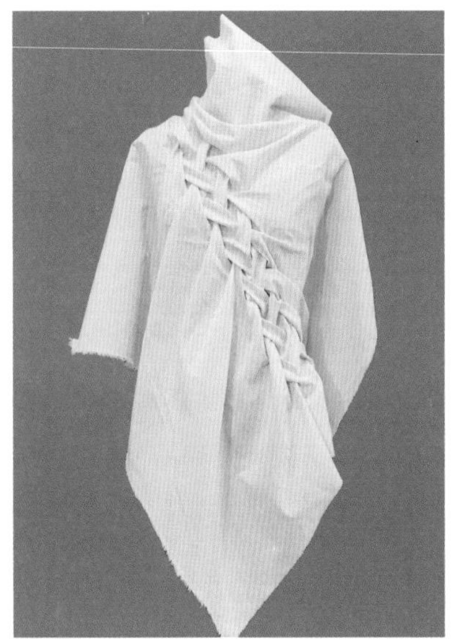

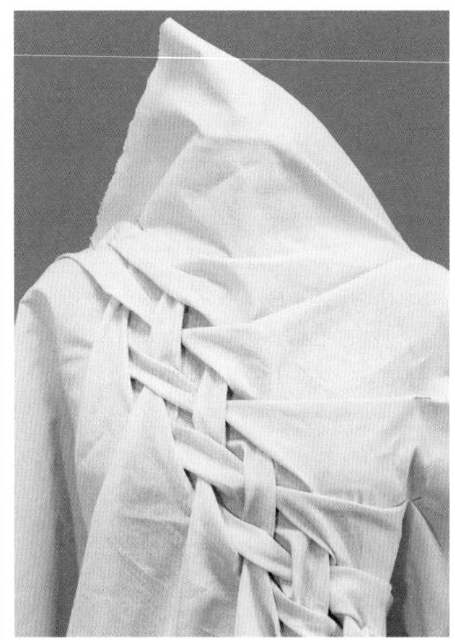

图5-2-5

将其固定（图5-2-5）。

沿人台右侧从上而下抚平袖窿至侧缝，因为砖纹抽缩的方向，人台右侧褶裥向下形成下摆，侧缝较为平整，沿人台侧缝线将布料固定（图5-2-6）。

人台左侧侧缝有明显的余量，遵照抽缩褶裥的方向自然延伸至侧缝后将其固定（图5-2-7）。

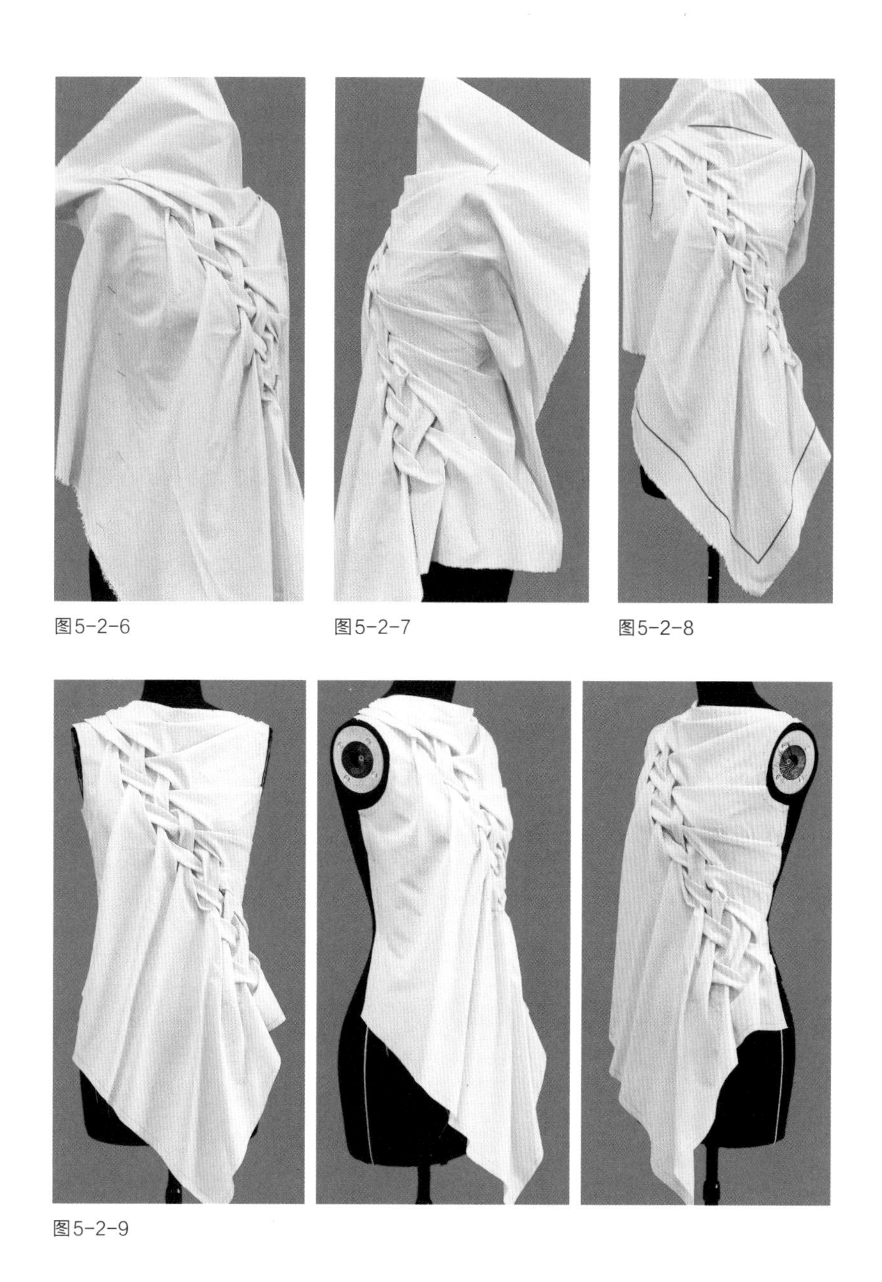

图5-2-6　图5-2-7　图5-2-8

图5-2-9

根据款式在布料上贴出轮廓线，保留约3cm的缝份后修剪余布（图5-2-8）。

平面处理好款式线后放回到人台上检查成品的效果（图5-2-9）。

第三节　堆砌

堆砌是运用某一装饰元素以一定的排列方式进行堆叠，形成块面感，装饰性强。本节以两个案例说明该装饰技法运用时的要点。

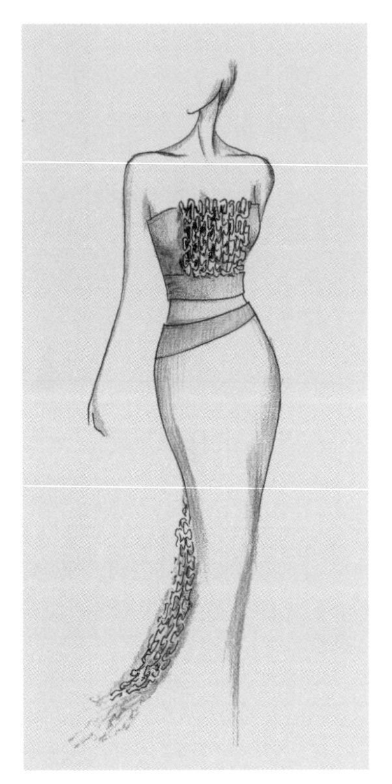
图5-3-1

一、褶裥元素的堆砌

1. **款式说明及人台准备**　此款礼服在胸部中心块面上采用了褶裥堆砌方式，富有立体感（图5-3-1）。

根据款式图在人台上贴出衬衣轮廓线，在胸高点上约6cm贴出略带弧度的上止口线，以腰围线为下止口线，取腰部8cm为腰头育克宽度，并过胸高点做公主线（图5-3-2）。

2. **制作褶裥**　取宽10cm、长度不限的直丝布条若干，将其沿长度方向对折后做表褶量为3cm的工字褶，并留1cm缝份缉缝固定（图5-3-3）。

3. **制作衬衣**　根据贴线制作衬衣，缝合后缝份朝外分缝平烫（图5-3-4）。

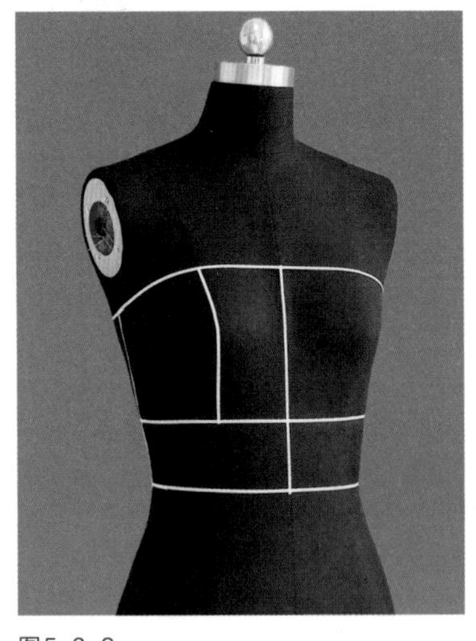
图5-3-2

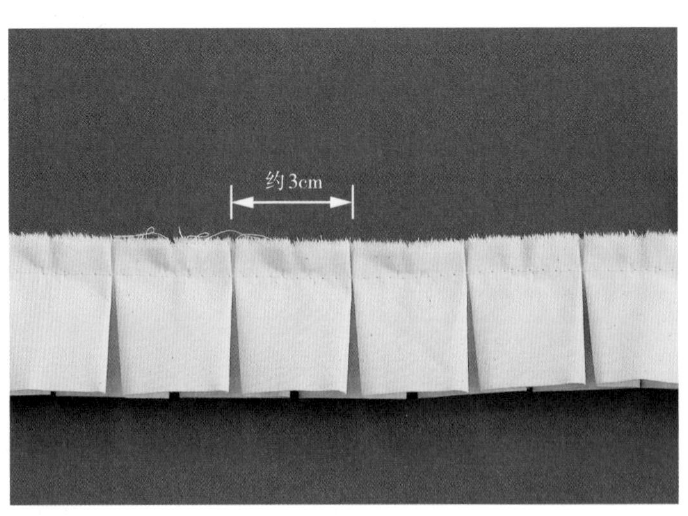

图5-3-3

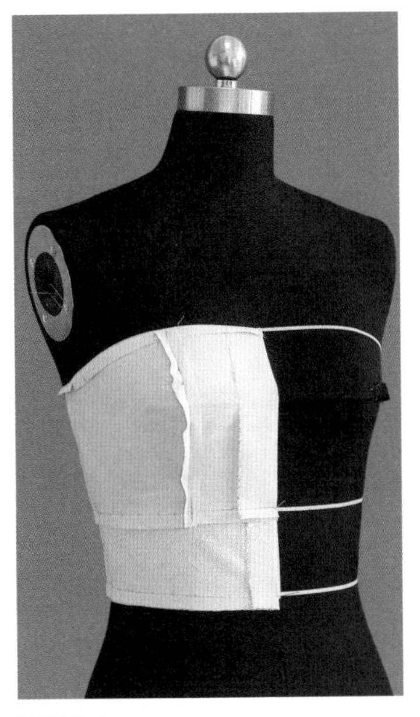

图5-3-4

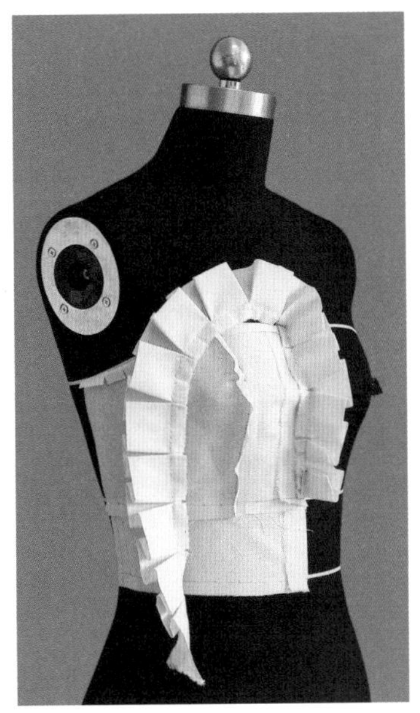

图5-3-5

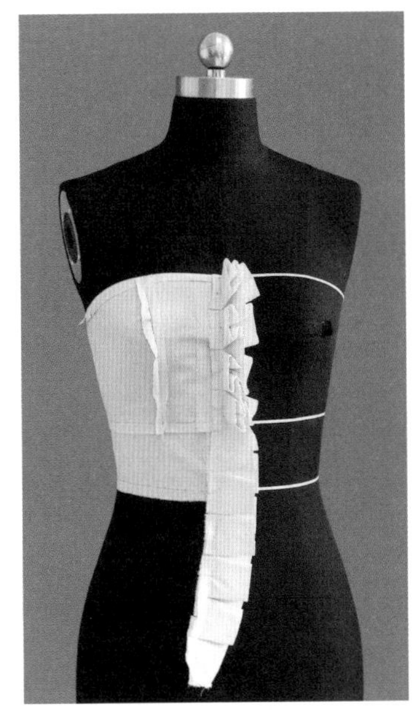

图5-3-6

Tips >>>

堆砌主要是对部件的重复应用，注意部件使用的密度和之间的间隙，如果采用大小不一的部件更容易形成随机错落的效果。

堆砌

4. **立体堆砌**　将缝制好的褶裥布条沿前中心线由育克线向上固定在人台上直至上止口线，固定时缝份朝向侧缝（图5–3–5）。

在上止口处将布条折叠向下，平行于第一列固定的褶裥向下定位，直至育克线。固定时注意保留两列之间留有一定的空隙，且缝份依然朝向侧缝（图5–3–6）。

用相同的方法持续将布条排列成间隙均匀的平行列固定在衬衣上，直至布条用尽。

重叠第一根布条尽头约一个褶裥，继续用第二根布条堆砌褶裥，方法完全相同，直至公主线处。

完成胸部褶裥堆砌后，检查整体效果，保证造型密度均衡，褶裥高度相当，并将褶裥布条手缝固定在衬布上（图5–3–7）。

最后在布条缝份上重新贴出公主线，并立体制作侧片和腰头，完成整体造型（图5–3–8）。

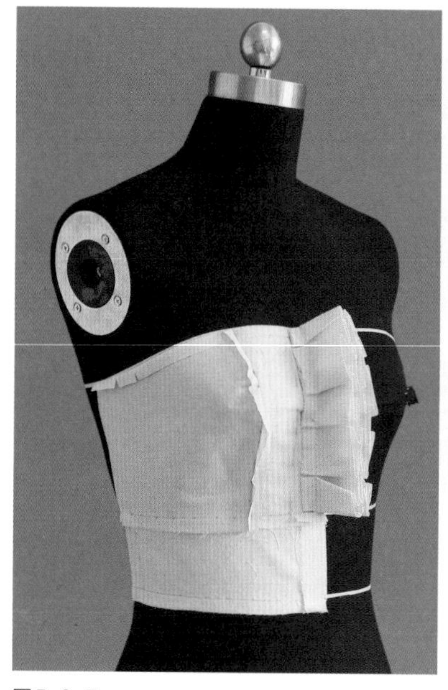
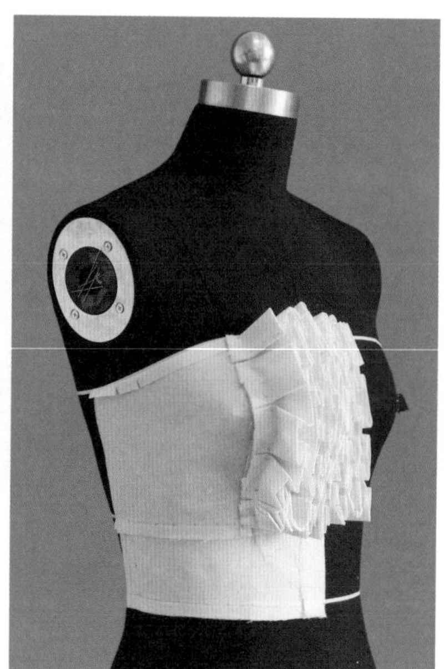

图5-3-7

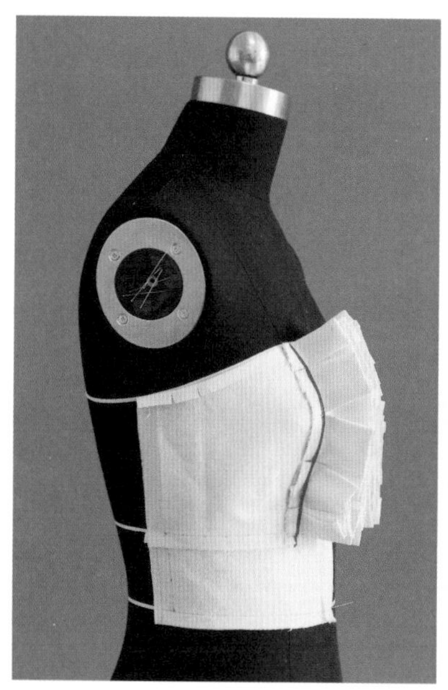
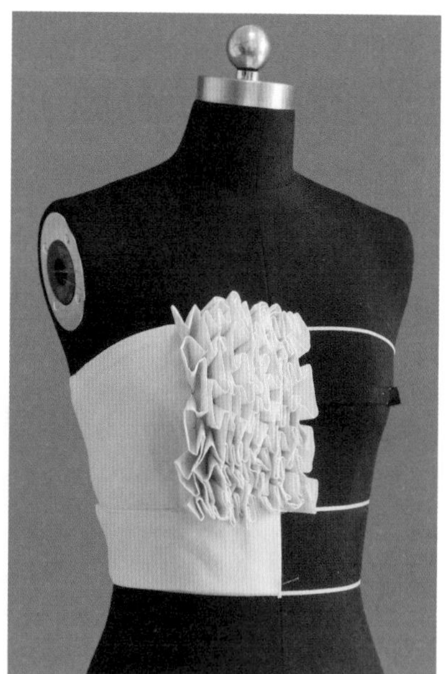

图5-3-8

二、折纸元素的堆砌

1. **款式分析及人台准备** 此款礼服在人体的左腰侧有装饰性的堆砌，成为视觉焦点（图5-3-9）。根据款式图在人台腰侧位置贴出

图5-3-9

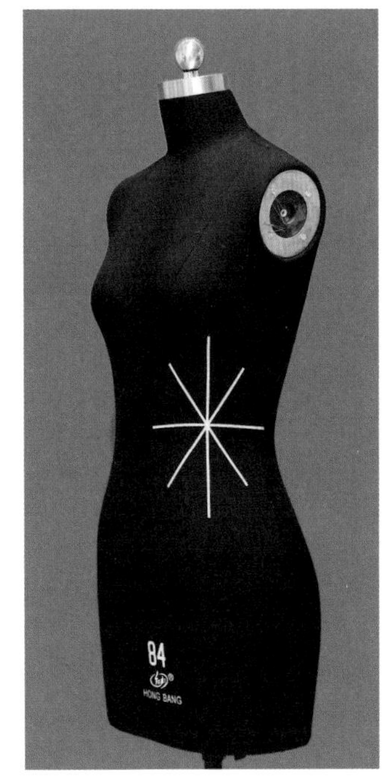

图5-3-10

"米字"图案，以腰围线为纵向的中心，堆砌造型的边缘基本到达侧缝，整体的长宽比约为3∶2（图5-3-10）。

2. **折纸**（图5-3-11） 款式中用到的堆砌部件形同雪花，且形成由内而外的发散状，可先用大小不一的几个方形布料尝试，并确认最终合适的尺寸。

准备10cm×10cm正方形布料若干。

两侧对折找到中心后将4个角分别折向中心。

将布料翻转后重复将折叠后的两个对角再次折向中心，形成堆砌用的部件；其中一个部件折叠4个角作为堆砌的中心。

3. **立体堆砌**（图5-3-12） 首先按标识线用8片折好的雪花部件贴出第一层；注意保持形状和间隙均衡。

在第一层每片雪花中间贴上第二层，因为范围缩小，雪花数量有所减少。

最后用4角折叠的雪花部件盖住中心。

Tips >>>

堆砌主要是对部件的重复应用，主要注意部件使用的密度和之间的间隙，如果采用大小不一的部件更容易形成随机错落的效果。

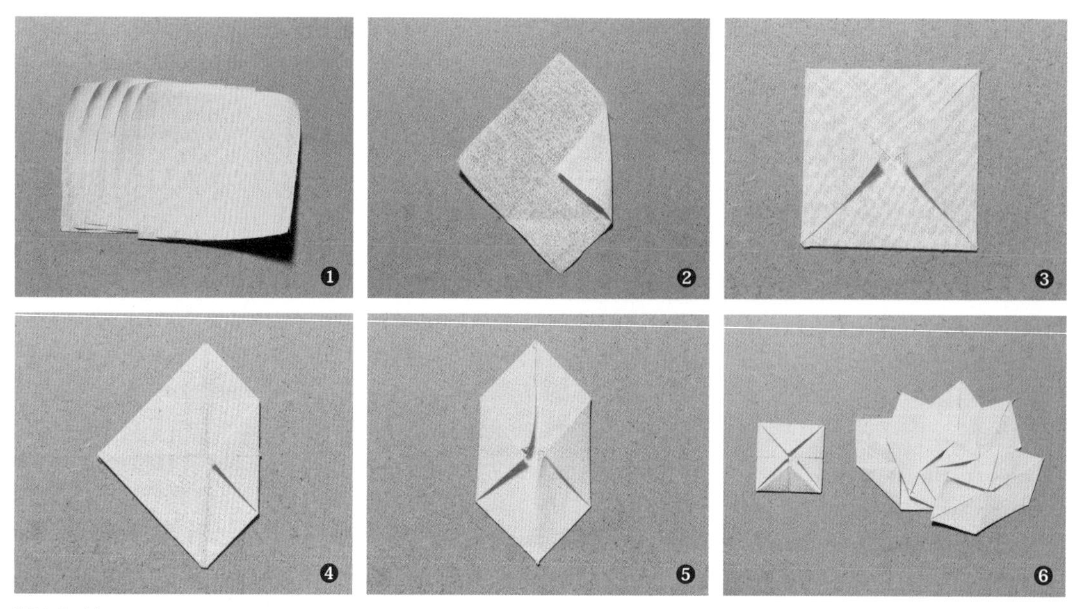

图5-3-11

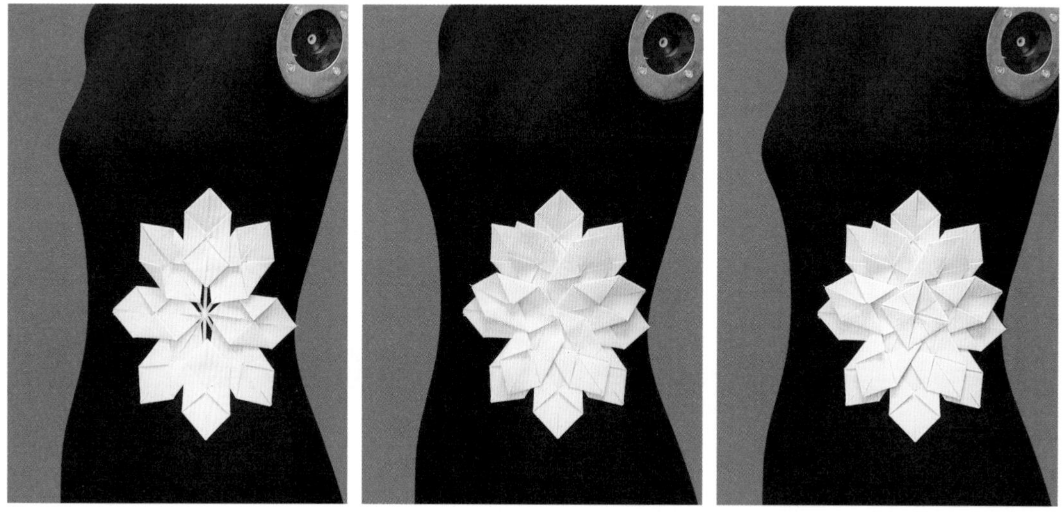

图5-3-12

第四节　波浪

波浪能形成自然流畅的曲线轮廓线，装饰感强，是礼服中常用的装饰元素。在具体运用时，可以通过改变波浪量、缝合线形状和边缘造型获得理想的装饰效果。

一、波浪量的变化设计

波浪效果依靠的是布料的内外径差异，正是内外径的差值使得外径能自然垂挂下来，形成垂荡的效果。在礼服的同一条缝合线上，因为布料环形角度的不同而形成内长相同、外长不等的波浪，垂荡效果会有明显的差异。图5-4-1以整圆和半圆为例，绘制相等内长a的整圆和半圆，分别运用于上胸围时产生的不同垂荡效果。

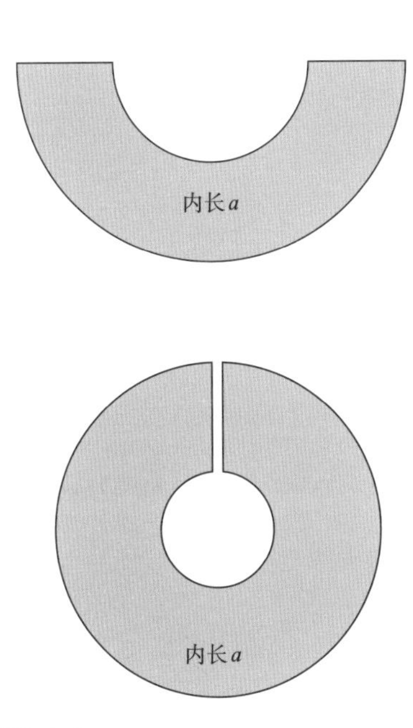

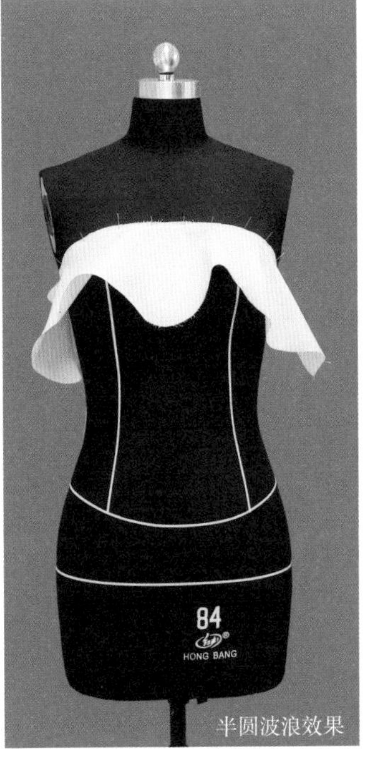

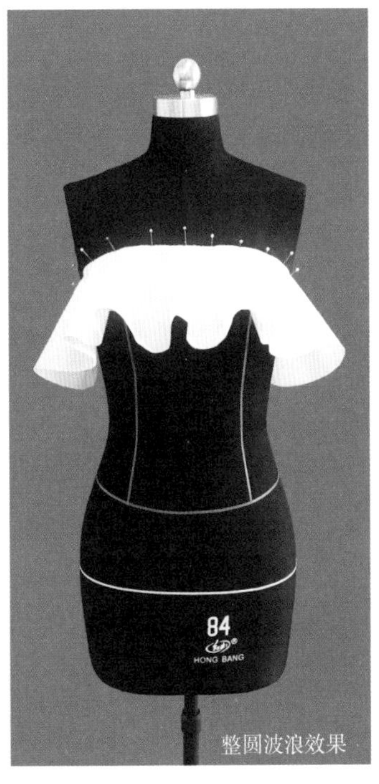

图5-4-1

二、波浪缝合线的变化设计

同一形状的环形布料虽然具有等长的内长和外长，但缝合到不同造型的缝线上也会得到完全不同的波浪垂荡效果。图5-4-2以整圆环为例，圆环内长*a*为波浪缝合线长，通过横向直线、凸弧、凹弧和纵向直线四种不同的缝合线造型对比来看所获得的不同波浪垂荡效果。

为观察波浪运用于礼服各不同缝合部位的效果，先在人台上贴出基础款胸衣的造型线（图5-4-3），分别量取上胸围止口线、公主线、弧形分割线的长度为内长，取波浪边长14cm，剪四个波浪圆环，并分别固定到人台相应的缝合线处。

从图5-4-4可以看出，四种缝合方式下圆环的波浪效果有明显差异。

相同的圆环缝合在等长的凸弧和凹弧线上，波浪效果差距显著，凸弧缝合线上的波浪量产生聚集作用，明显大于凹弧缝合线上的波浪。

凹弧曲线的波浪缝合方式应用广泛，因为波浪量会随着凹弧曲度

波浪

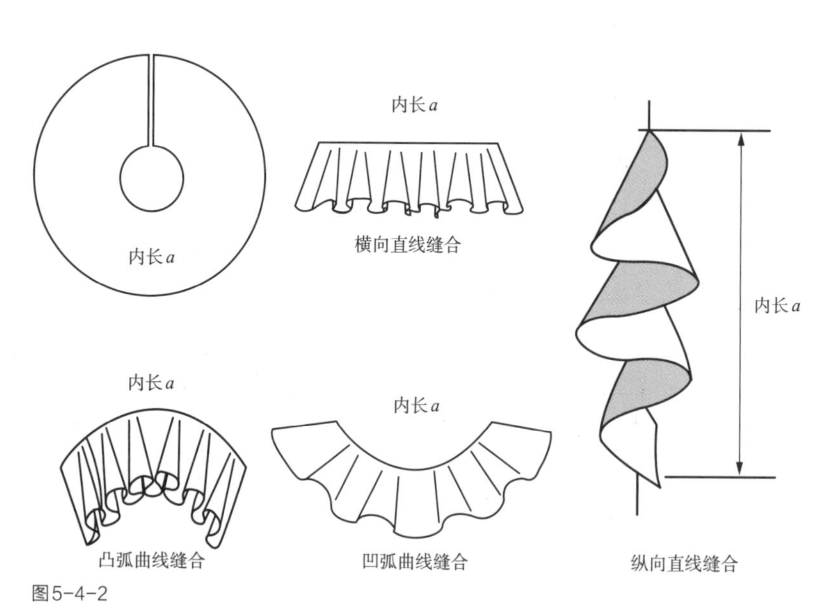

图5-4-2

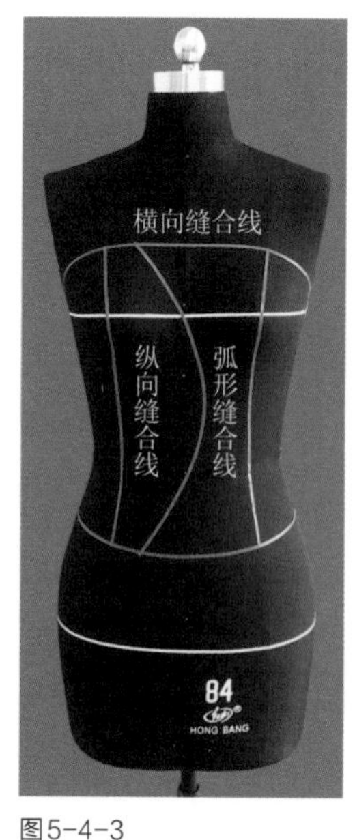

图5-4-3

的增大而减小，所以如果要想得到更多的波浪可以通过将内径抽褶的方式实现。

在做圆环波浪时，因为两侧边缘会形成棱角，可以根据需要将其改成圆弧形，便于布边的处理，也能形成更为流畅的外观效果（图5-4-5）。

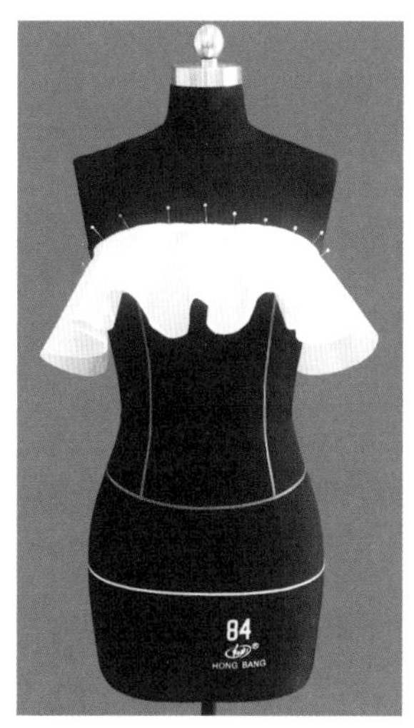
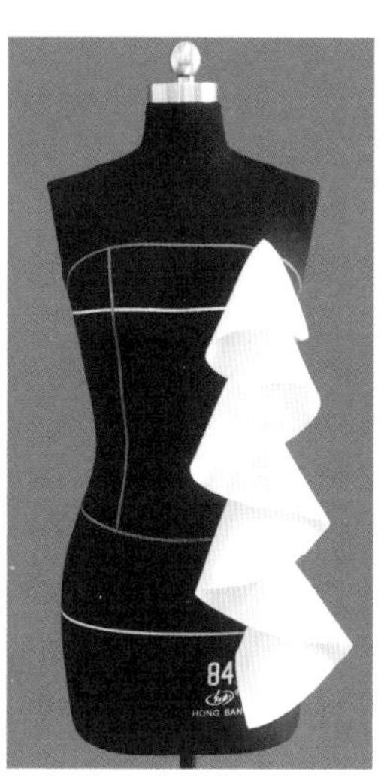
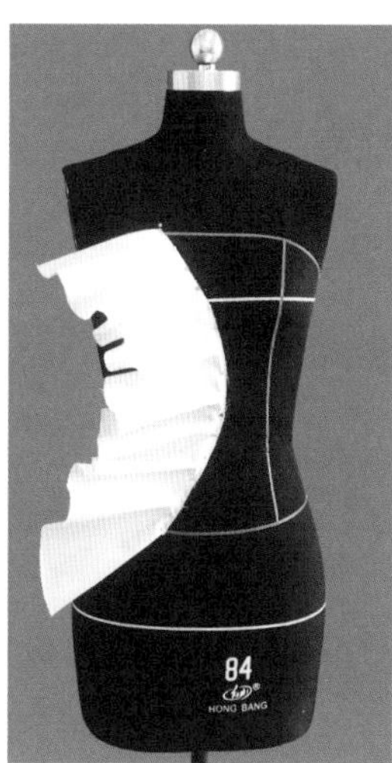
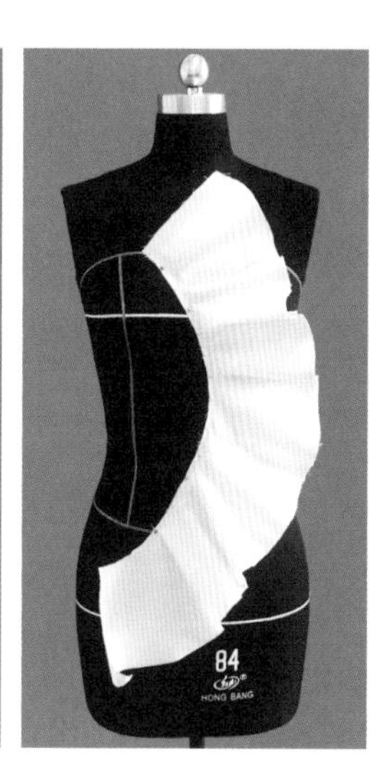

图5-4-4

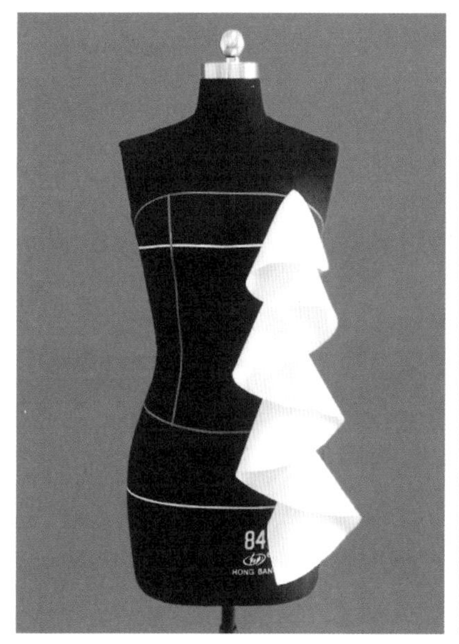
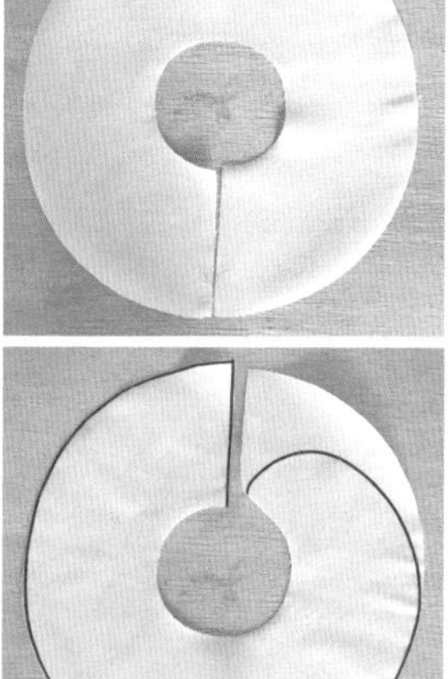
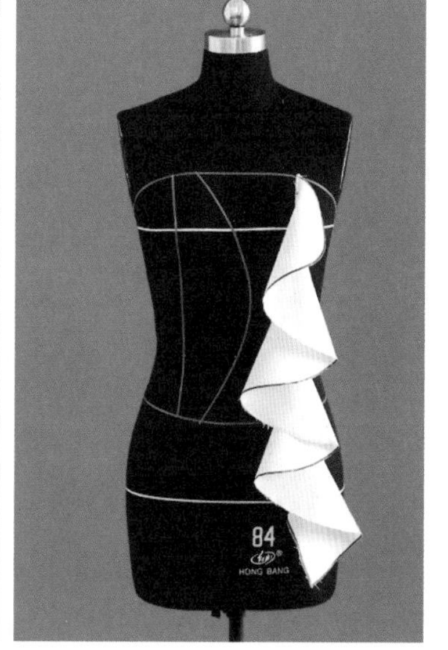

图5-4-5

第五节　褶裥

褶裥中的抽褶能形成有肌理感的皱缩效果，褶裥则能形成有节奏感的规律效果，都是礼服中常用的装饰方法。在运用时，通过改变抽褶量、褶皱宽度、止口线形态、抽褶轨迹等获得理想的装饰效果。

一、抽褶量的变化设计

同一条缝合线上，因为布料抽褶倍率不同，能够形成不同疏密效果的褶皱。图5-5-1通过对比来体现效果。

首先以人台上胸围线为缝合线，取宽6cm的布条，分别以上胸围长度的2倍、3倍和4倍为布条长度，并进行抽褶，整理褶皱使其均匀后放置到人台上。

二、褶皱宽度的变化设计

褶皱宽度不同也会产生不同的外观效果，如图是宽6cm和12cm的布条，同样2倍褶量的对比。从图5-5-2中可以看出，6cm宽度的布条在下边缘处的波纹明显比较密集。

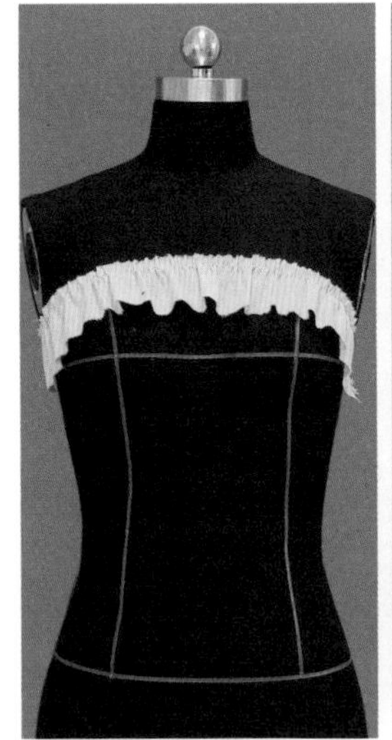

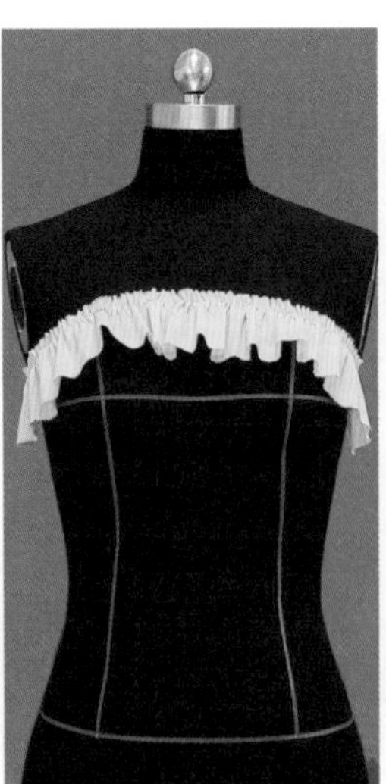

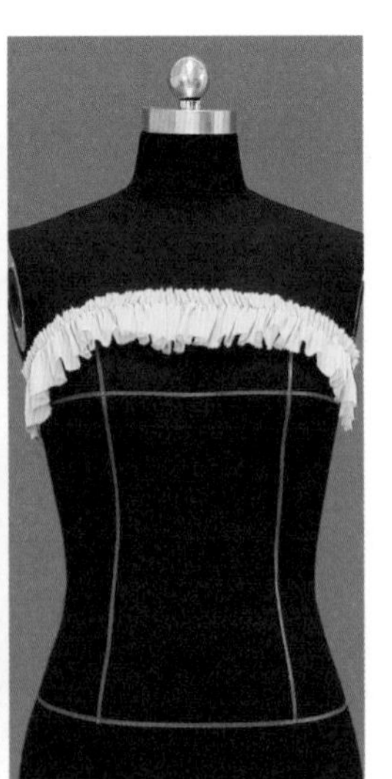

图5-5-1

图5-5-2

三、抽褶外止口线的变化设计

抽褶除直线型外止口外，也可以有多种线型的设计，如斜线、曲线、波浪线、齿形线等，图5-5-3是斜线外止口和凸弧形外止口线的示意图。

图5-5-4是以人台的公主线为缝合线，采用2倍褶量做个对比，能看出不同线型外止口的装饰效果有明显的差异。

四、抽褶轨迹的变化设计

抽褶轨迹是影响抽褶效果的重要因素，抽褶轨迹的变化包括轨迹线型变化和轨迹数量变化两种。

除了常规直线抽褶的外抽褶轨迹还可以遵循一定规律的折线和曲线进行抽缩；如图5-5-5是按照波浪线迹和重复半圆线迹抽褶的效果。

抽褶轨迹数量的变化是指除了单线抽褶外，还可以在布条上分两条或多条轨迹抽褶，如图5-5-6即是在布条上做两条平行直线抽褶的效果。

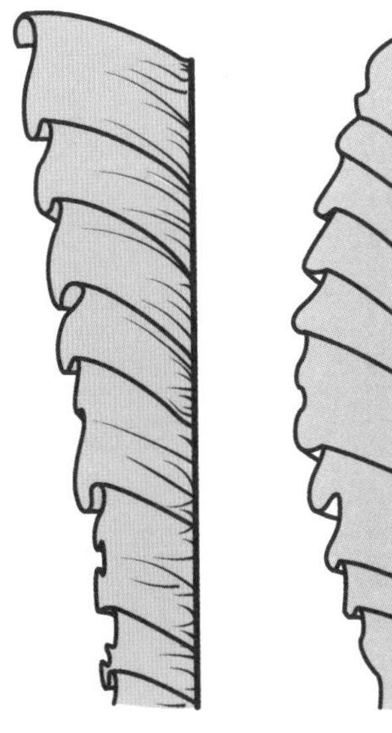

图5-5-3

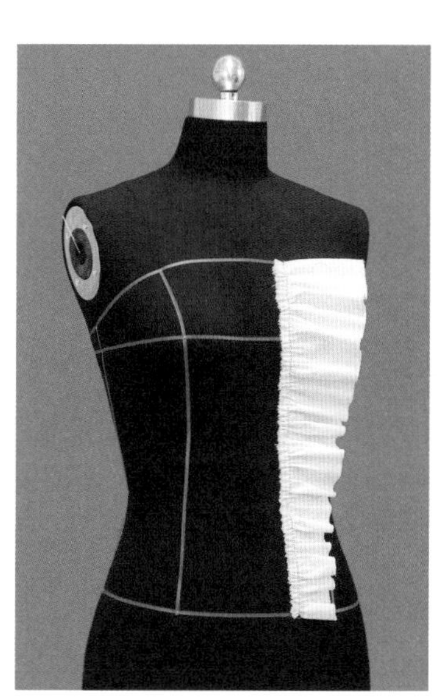

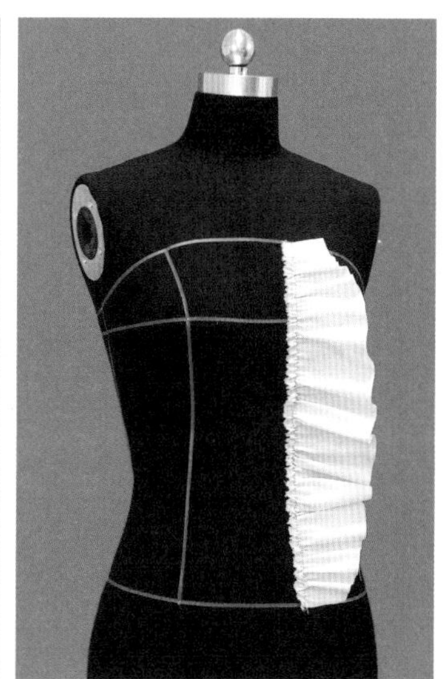

图5-5-4

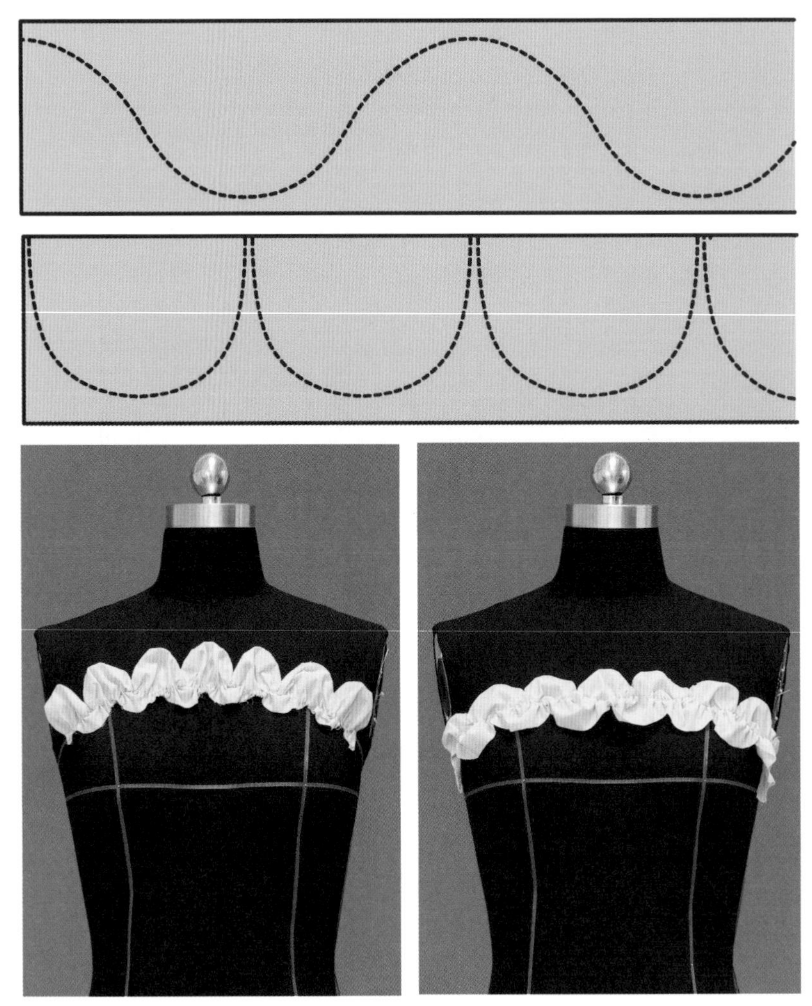

图5-5-5

五、褶裥方向的变化设计

褶裥的外观除了碎褶外，还有清晰折叠量的折裥。褶裥的设计可以通过折叠量和折叠方向来实现，折叠量的变化同碎褶的变化相似，只是褶型更为清晰。折叠方向的变化是褶裥特有的，不同于碎褶自然形成的折叠方向。

褶裥可以设计成顺向褶、工字褶、变化顺向褶和变化工字褶等，如图5-5-7是工字褶运用于人体弧形领圈的展示效果，工字褶的里层自然顺着曲度张开，富有装饰性。

图5-5-8是在对顺向褶采用不同方向折叠后的效果。

图5-5-6

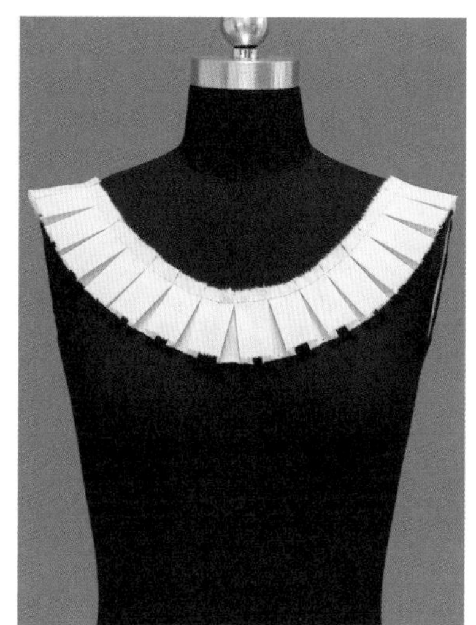
图5-5-7

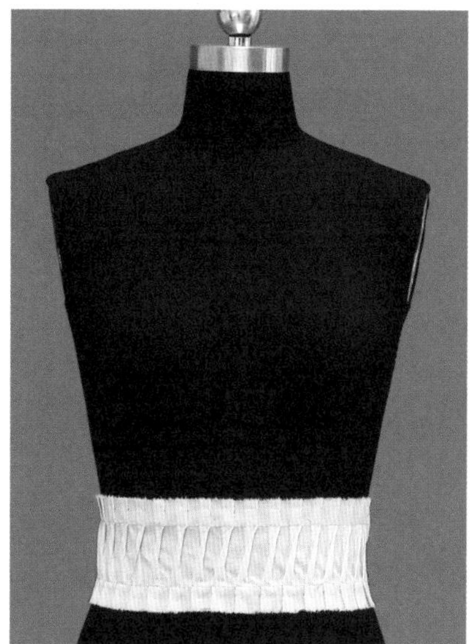
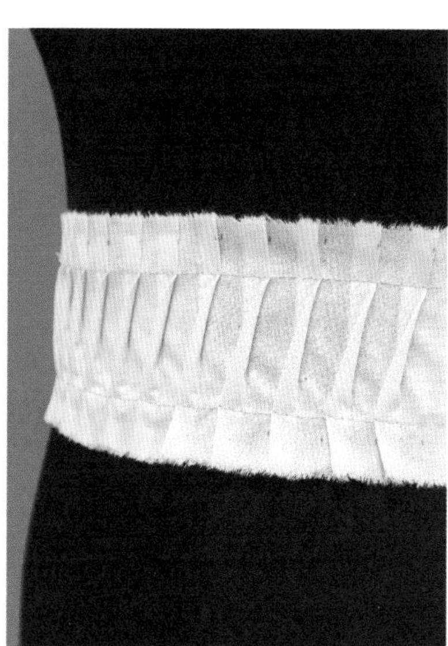
图5-5-8

第六节　手工装饰朵花

朵花形态优美，造型丰富，可以灵活地装饰在礼服的各个部位。礼服中手工制作花卉的方式多种多样，一般多为平面制作成型，有些花卉是由一块布料通过扭转、缠绕形成，有些是通过多块布料搭配、堆砌而成。下面介绍几种较为常用和直观的花卉制作方法（图5-6-1）。

一、复瓣花卉（图5-6-2）

①取直径6~8cm的圆形布料若干，其中一片通过黏衬使其平整、挺括作为花托。

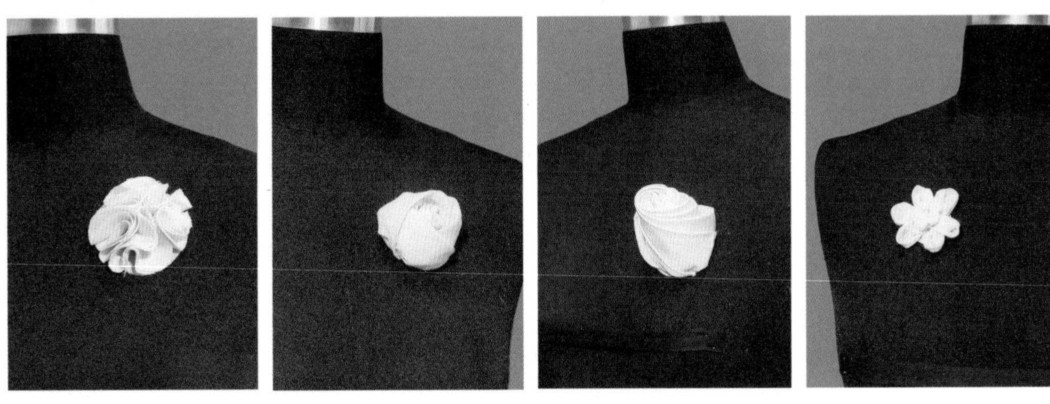

图5-6-1

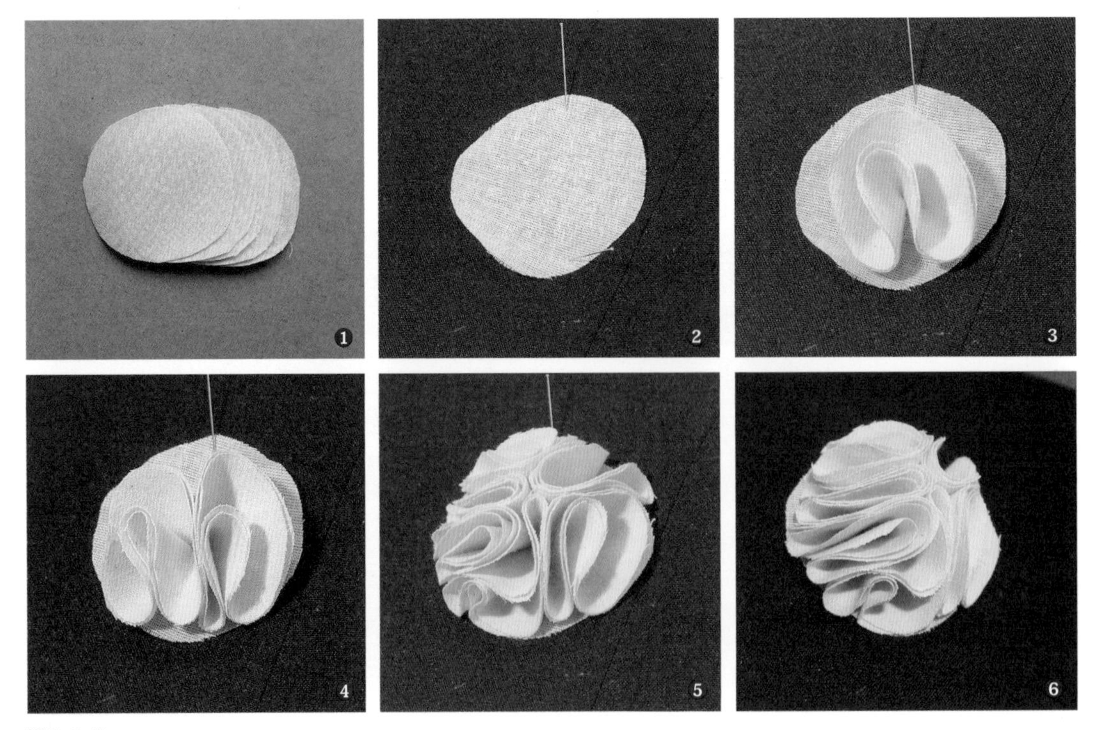

图5-6-2

Tips >>>

复瓣花卉的做法可以推广成很多形式，花瓣布料可以是圆形也可以是方形或其他平面图形，每个花瓣可以用单片、双片或多片同时折叠，可以是相同的布料，也可以用材质、色彩有差异的布料，通过多种组合设计能形成丰富的造型效果。

②将花托固定在人台或便于扎针的木屑板上。

③取2块圆片重叠后沿圆心折叠作为一个花瓣固定在花托的中心处。

④用同样的方法制作第二个花瓣与第一个相邻固定，使多层的这一面朝外。

⑤重复制作花瓣，并围绕花托中心固定。每个花瓣都保持多层面朝外，且花瓣间距均衡。

⑥整理整体效果后即可将花瓣手缝固定在花托上，复瓣花卉就完成。

二、六瓣花（图5-6-3）

①取直径6~8cm的圆形布料约7片，其中一片通过黏衬使其平整、挺括作为花托。

②在花托中心绘制一个直径约3cm的圆圈后将花托固定在人台或

图5-6-3

便于扎针的木屑板上。

③取1块圆片沿斜丝方向对折。

④沿对折后的圆弧将一端折叠并再向中心折叠，固定。

⑤将半圆的另一边按相同的方式，折向相反的折叠后固定在圆托上的圆圈处。

⑥用同样的方法做其他的花瓣。

⑦将完成的花瓣均匀地固定在花托上，使之间隙均匀。

⑧用几个绒球制作成花芯后固定在花瓣中间，调整好整体状态后手缝固定。

Tips >>>

六瓣花的做法可以推广应用成多种数量的花卉，每个花瓣可以用单片、双片或多片同时折叠，花瓣大小也可以有差异，通过堆砌排列的方式形成更为丰富的造型。

三、抽褶玫瑰花（图5-6-4）

①取宽约10cm、长约50cm的斜丝布条，将两端进行修剪使其略窄，沿中心对折。

②沿布边约0.5cm均匀地手工抽缝，略收紧。

③以宽度较窄的一端作为花芯，一边将线抽紧一边旋转，使布条逐渐向内包裹。

④所有布条完成包裹后适当调整折痕的高度，使其基本一致，造型整理好后将布边固定在花托或直接应用于服装上。

Tips >>>

抽褶玫瑰因为制作方法简单便利，是使用最频繁、广泛的一种花卉，因为布条的宽度、布料的挺度不同，完成的玫瑰造型效果有很大差异。这里需要注意的是在进行旋转包裹时，通过控制抽褶量可以营造玫瑰不同的盛开程度。褶量越大，包裹的布条间隙越大，花形越像盛开的玫瑰花；相反，褶量越小，布条间的空隙越小，花形越像含苞待放的花朵。

四、组合玫瑰花（图5-6-5）

①取边长10cm的方形面料3块为玫瑰花瓣；长15cm、宽8cm的斜丝布条一块为玫瑰花心；直径5cm的圆形布料1块为花托。

②将圆片复合黏衬后固定在人台或便于扎针的木屑板上作为花托。

③取一片方形布料沿对角线对折。

④将对折后折痕的一角向下折叠，折叠时做细褶状。

⑤同样的方法将另一端也向下折叠，折叠好的方形布料形成了具有空隙立体花瓣的造型。

⑥将折叠部分进行适当修剪后固定在花托上，作为第一个玫瑰花瓣。

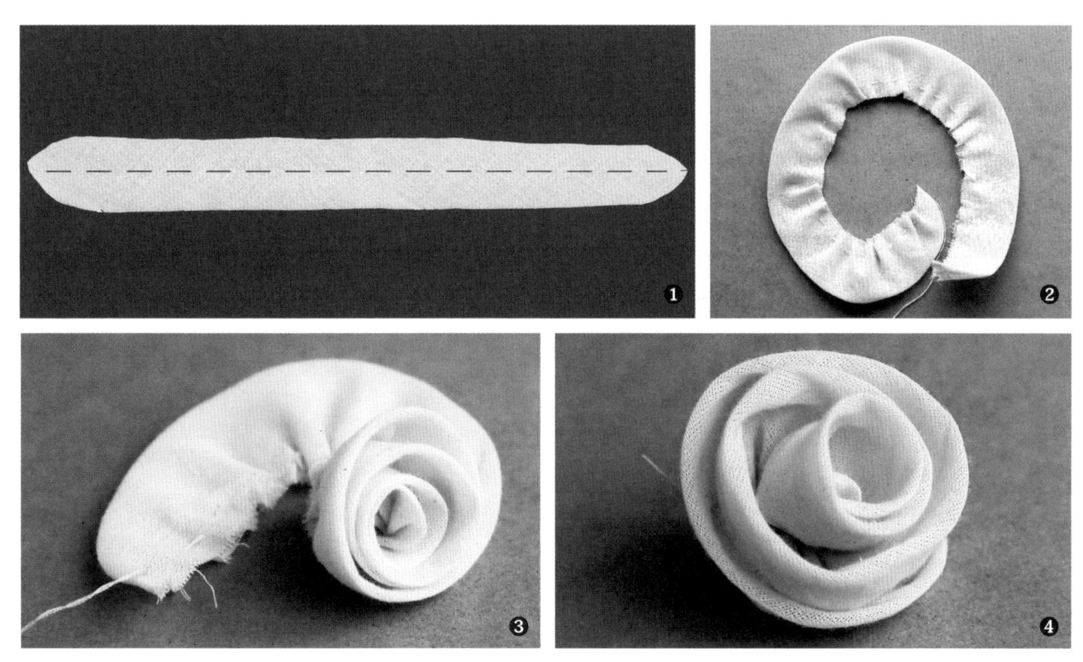

图5-6-4

⑦用相同的方法制作第二个花瓣，并把花瓣放置到第一个花瓣内，可以通过修剪花瓣下方的余量使两个花瓣略有大小差异。

⑧用相似的方法制作第三个花瓣，因为第三个花瓣较前两个更立体，所以折叠时褶量更为细腻；将三个花瓣组合在一起后调整造型，并手缝固定在花托上。

⑨用旋转玫瑰的做法做一个小巧的花心，固定在三个花瓣中间，注意控制花心不宜太大，且高度应低于第三个花瓣。

Tips >>>

组合玫瑰花因为花瓣和花芯采用多块布料完成，其造型比抽褶玫瑰花更为饱满、立体，具有更好的装饰效果。在制作组合玫瑰花时，三个花瓣的协调是制作的重点，制作花瓣底部时可以利用针线抽褶来替代手工折叠，这样能形成弧度更为圆顺流畅的花瓣；如果希望花瓣大小差异明显，可以采用大小递减的三块方形布料来制作由外到内的花瓣。

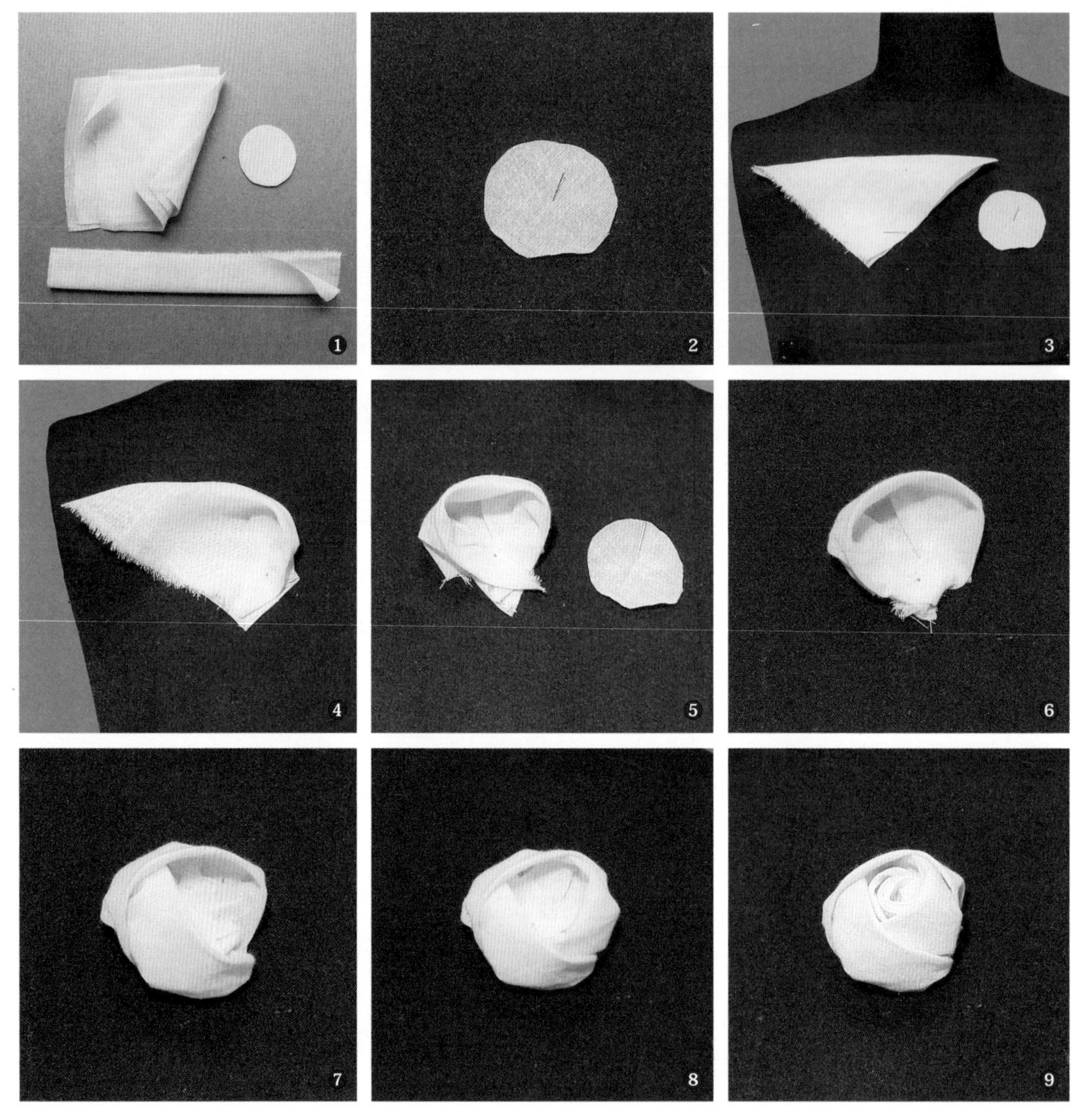

图5-6-5

五、旋转玫瑰花（图5-6-6）

①取边长约35cm的方形布料一块，直径约6cm的圆形布料一块，其中圆片通过黏衬使其平整、挺括作为花托放置一边备用。

②通过两次折叠找到布料的中心，提起中心后顺时针开始扭转。

③缓慢旋转并逐渐整理出较为均匀、明确的折痕，使其围绕布

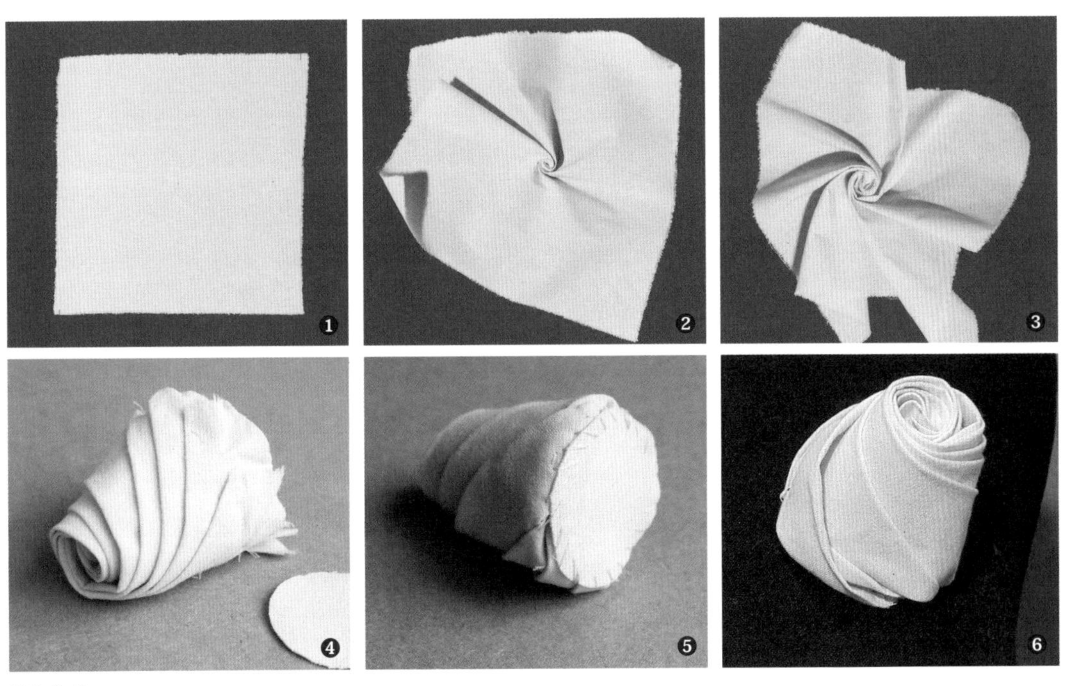

图5-6-6

料中心形成螺旋状；持续旋转并逐渐将中心上提，使中心始终位于最高处，螺旋状的折痕逐渐向下，直至旋转至距布边约5cm。

④保持褶裥成螺旋状态将花朵卷起，形成一个头部小、底部大的管装，可以手缝将褶裥稍加固定，并把底部修剪整齐。

⑤根据花朵底部大小准备一个尺寸略小的底托，把底部布头向花朵内部折叠塞进，将花朵与底托手缝固定。

⑥把花朵固定在人台上，整理旋转的褶型，使褶皱保持一定的松度，形成较为饱满的花型。

Tips >>>

旋转玫瑰花由一块平布在平面上完成，看似简单实际操作时有一定的难度，最终成型效果主要取决旋转时对布纹折痕的整理是否均衡协调。因为要使布纹折痕形成发散状，花朵在旋转时只有2~3圈，所以制作这种玫瑰花时易采用较为厚实、硬挺的布料，并且一旦旋转效果不够理想，可以将布料烫平后再重新开始。

思考与练习

1. 收集礼服装饰局部款式5个。
2. 选择一种礼服装饰技法，将其应用于礼服局部的设计中。

常用技法
学生作品赏析

学生作品赏析-
礼服装饰技法

更多学生作品
请扫码赏析

第六章

礼服立体造型与装饰技法的综合运用

课题名称：礼服立体造型与装饰技法的综合运用

课题内容：1. 波浪装饰小礼服裙

2. 旋转分割插裆礼服裙

3. 不规则横向抽褶礼服裙

4. 多片系带长裙

5. 放射褶长裙

6. 双领单肩礼服裙

7. 玫瑰装饰蝴蝶礼服裙

课题时间：20课时

教学目的：以代表性礼服整体造型为例，详尽说明如何综合运用立体造型和装饰技法实现礼服的整体装饰造型，使学生掌握该装饰造型技法的运用要点

教学方式：讲授与练习

教学要求：1. 使学生能根据参考资料再设计或独立设计礼服

2. 使学生能运用立体造型和装饰的技法实现礼服设计

3. 使学生在实现过程中能通过自主学习、实践，归纳总结出针对款式的制作方法并做完整的阐述和展示

第一节　波浪装饰小礼服裙

一、款式分析

此款小礼服采用了非对称的分割，腰部断缝结构，前后衣片上都有典型的斜向分割线，从一侧的肩部斜向另一侧的腰部，呈微妙的弧线型，波浪装饰片呈上宽下窄的造型。前裙片的分割线在视线上与衣身的分割线相连，并有垂挂的波浪片与衣身的波浪片呼应。整体简洁大气，富有视觉冲击力（图6–1–1）。

图6–1–1

二、粘贴款式线

除基础线中的腰围线和臀围线外，还需粘贴前后领圈线、袖窿弧线、前后衣片的斜向分割线和前裙片的左右侧分割线，注意线条的顺畅（图6–1–2）。

三、准备面料

因是非对称款式，所以每片裁片都需在人台上立体制作获得。共需准备七片坯布，分别是左右前衣片、左右后衣片、左右前裙片和后裙片（图6–1–3）。

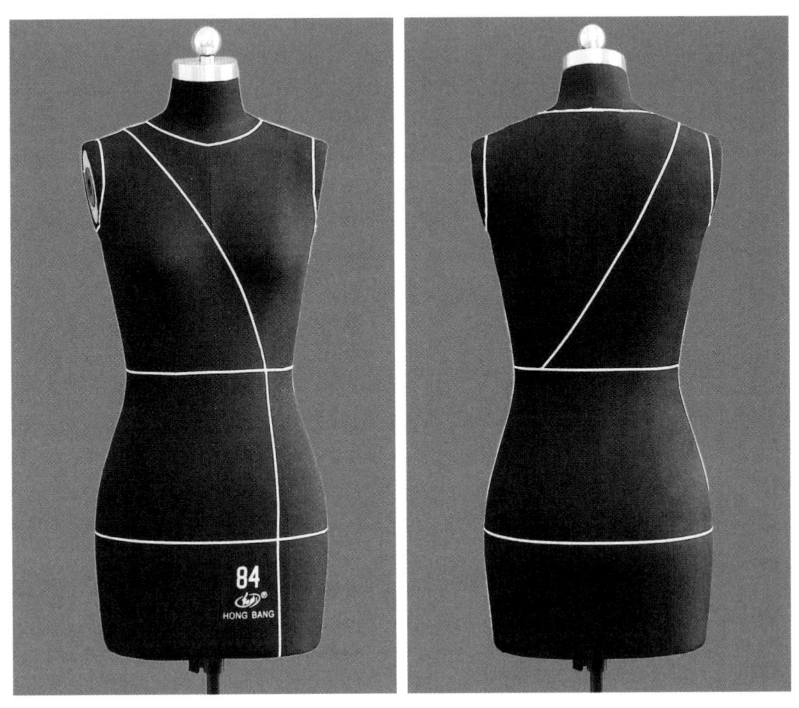
84
HONG BANG

波浪装饰小礼服裙

图6-1-2

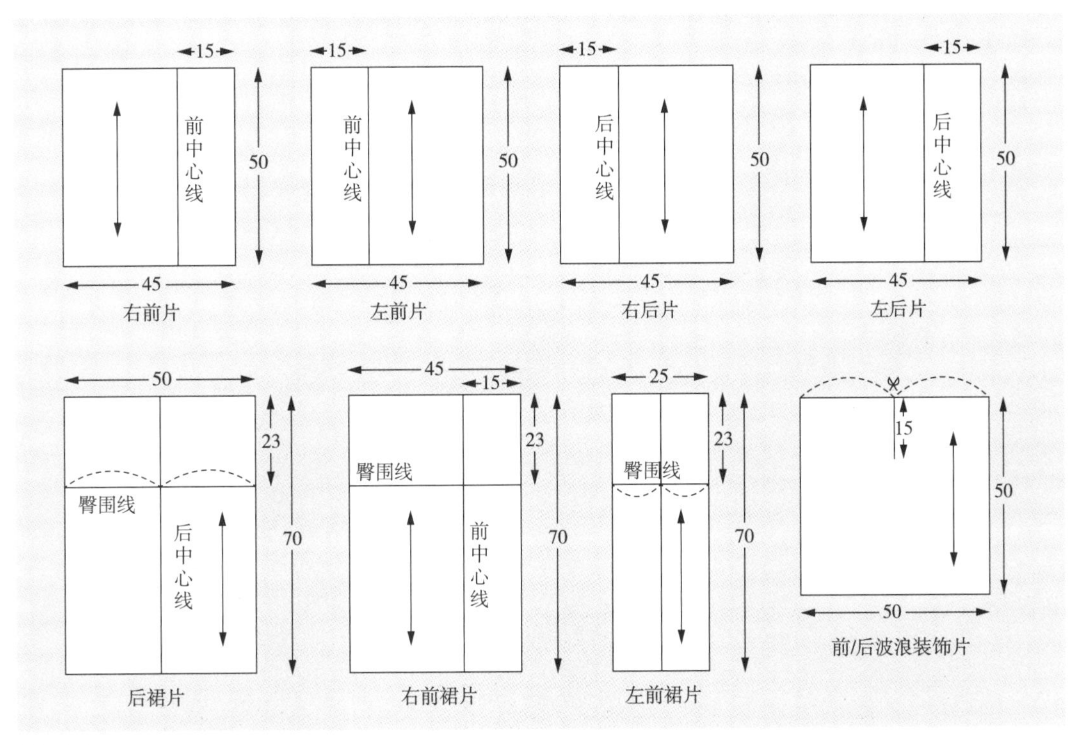
15
前中心线
50
45
右前片
15
前中心线
50
45
左前片
15
后中心线
50
45
右后片
15
后中心线
50
45
左后片
50
23
臀围线
后中心线
70
后裙片
45
15
23
臀围线
前中心线
70
右前裙片
25
23
臀围线
70
左前裙片
15
50
50
前/后波浪装饰片

图6-1-3

四、立体裁剪

1. **固定右前衣片** 将坯布上的前中心线对齐人台的前中心线固定，将余布留取平行于分割线约5cm的余量后粗剪，沿分割线抚平坯布、别针固定、余布打剪口，使坯布自然贴合人台，不紧绷，沿肩线抚平，固定肩点（图6–1–4）。

2. **别出腋下胸省和腰省** 沿袖窿弧线抚平坯布，固定腋下点。腰围线以下余布保持水平状，将腰围线上的余量在公主线位置别成腰省，沿腰线抚平、固定、打剪口，固定腰侧点。将侧面的余布别成腋下省，使侧缝贴合人台（图6–1–5）。

3. **固定左前片，别出胸省** 将坯布上的前中心线对齐人台的前中心线固定，留出平行于分割线的足够余布后先粗剪，打剪口，使坯布贴合人台沿分割线固定；贴合肩部，领圈打剪口后贴合人台。将由于胸部的立体凸起产生的胸省放置在与右前片相同的腋下位置（图6–1–6）。

4. **固定左、右后衣片，别出腰省** 用相同的方法将坯布上的后中心线对齐人台上的后中心线后固定，粗剪分割线以外的余布，因为人体的后背只在肩胛骨处产生缓缓地突起，因此几乎不需要打剪口即可贴合人台。沿肩线、袖窿、侧缝抚平后将余布在腰线上别出后腰

图6–1–4

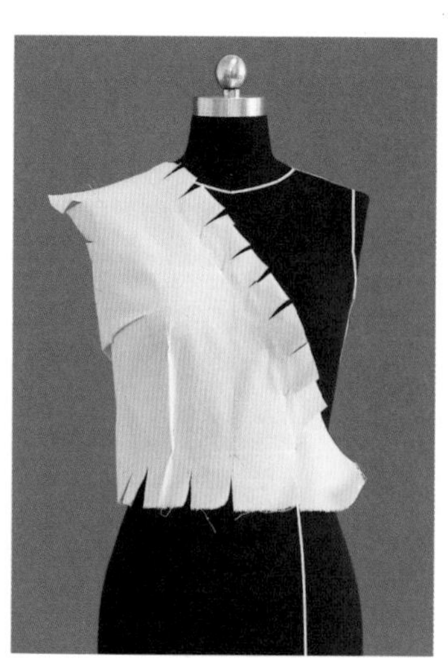
图6–1–5

图6–1–6

图6-1-7

省，放置在公主线位置（图6-1-7）。

5. **前波浪装饰片的立体制作**　将波浪片沿上边缘中点处剪进约15cm（如面料准备图所示），固定于右肩线与分割线的交点处，沿分割线固定至第一个产生波浪的点，打剪口至该点，使另一侧的布料垂挂下来形成波浪造型，立体制作波浪的优势就在于可以通过调节布料的垂挂量来控制波浪的大小。同理，再沿着分割线固定至第二个产生波浪的点，打剪口至该点，形成第二个波浪造型。整条分割线共有五个均匀分布的点形成波浪，每个点形成的波浪大小基本均匀（图6-1-8）。

6. **确定波浪装饰片的外止口线**　外止口线按照款式图中所示的外止口形态贴出，形成从肩部宽度能覆盖住上臂上部，逐步变窄，直至腰围线的波浪造型。由于波浪凸起在表面，贴线时只需在凸点处粘贴即可（图6-1-9）。然后沿着粘贴的胶带垂直于布面做点标记，从人台上取下后连接成圆顺的弧线。

7. **后波浪装饰片的立体制作和确认**　用相同的方式在后衣片的分割线处立体制作后波浪装饰片。注意与前波浪装饰片的波浪效果要基本均衡，视觉上达成统一（图6-1-10）。

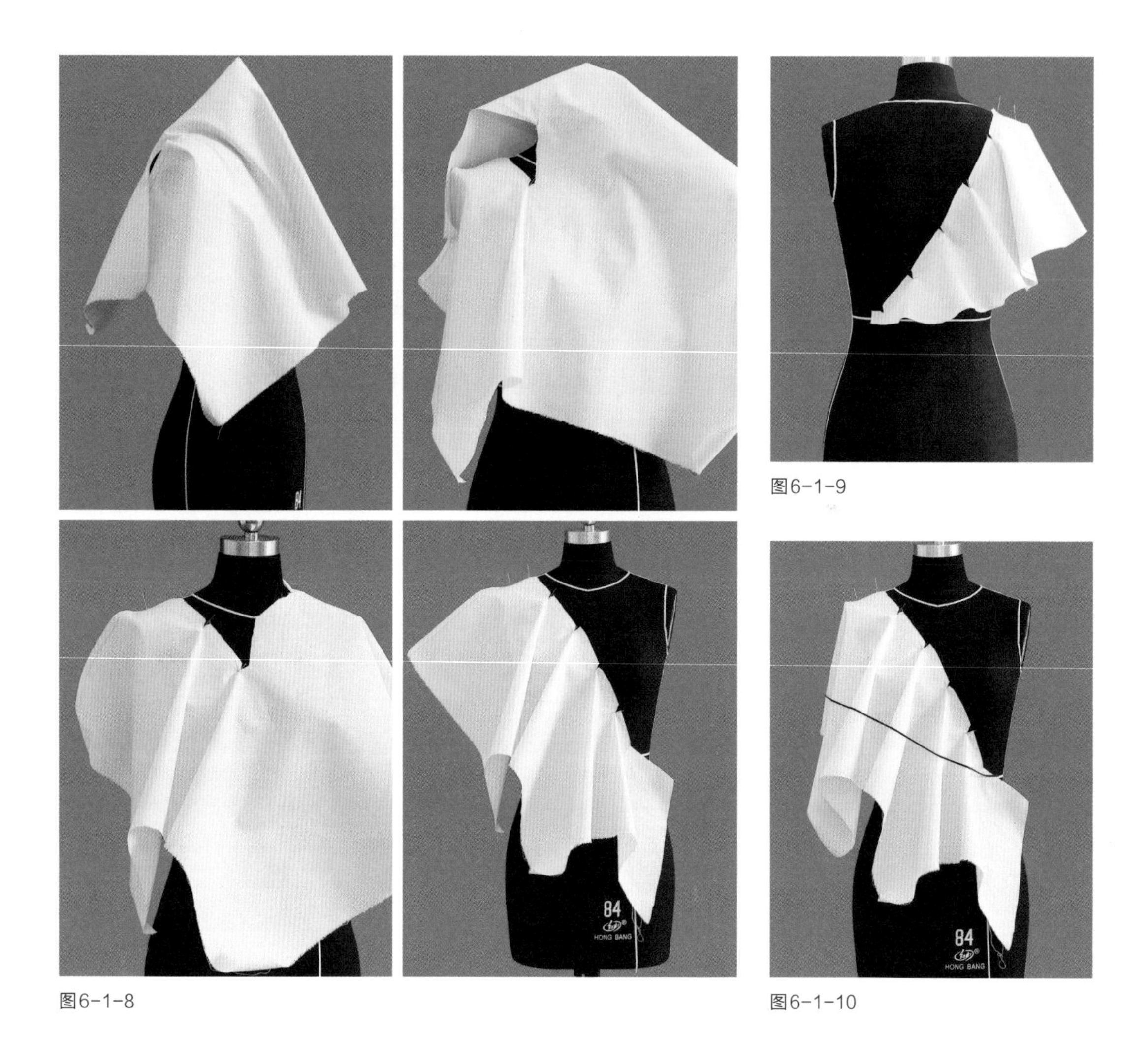

图6-1-9

图6-1-8

图6-1-10

8. **上衣整体造型的检查** 将前、后波浪装饰片分别与前后的左、右衣片沿分割线别合，放回人台检查立体造型（图6-1-11）。

9. **固定左、右前裙片，别合分割线** 将右裙片的臀围线、前中心线与人台对齐后固定，臀围上留取适当松量后固定臀侧点。将左裙片的臀围线和后中心线与人台对应位置固定后，臀围上留取约少量松量后固定臀侧点。将左右裙片沿分割线别合，左裙片上的腰部余量别成腰省，位置同上衣的腰省位置（图6-1-12）。

10. **完成后裙片的立体制作** 固定后裙片的臀围线、后中心线后，在臀围上留取适当松量后，与前裙片的臀侧点别合，别出侧缝线，从

图6-1-11

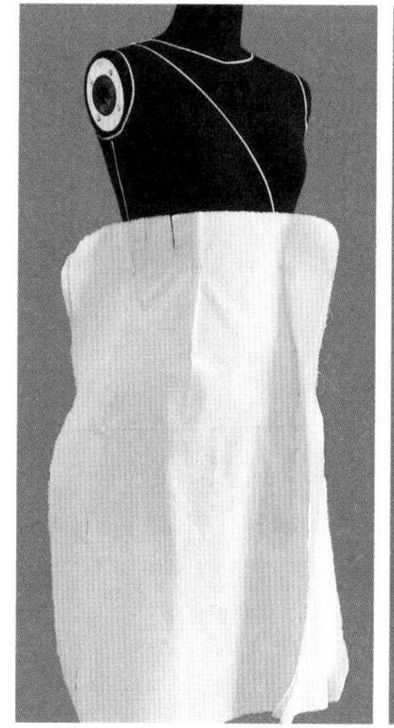

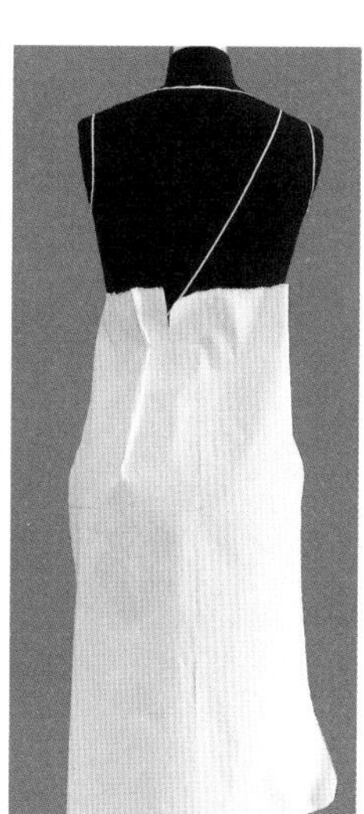

图6-1-12

腰围至臀围段成弧线形态，臀围以下段呈稍加摆的直线，后腰部的余量别成腰省，位置同后衣片的腰省处（图6-1-13）。

11．**裙片的波浪装饰片**　因为这个波浪片长度比较长，同时垂荡的波浪量比较大，因此用平面裁剪的方式裁剪出螺旋状的波浪饰片，在分割线处与左右前裙片拼合（图6-1-14）。

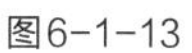

图6-1-13

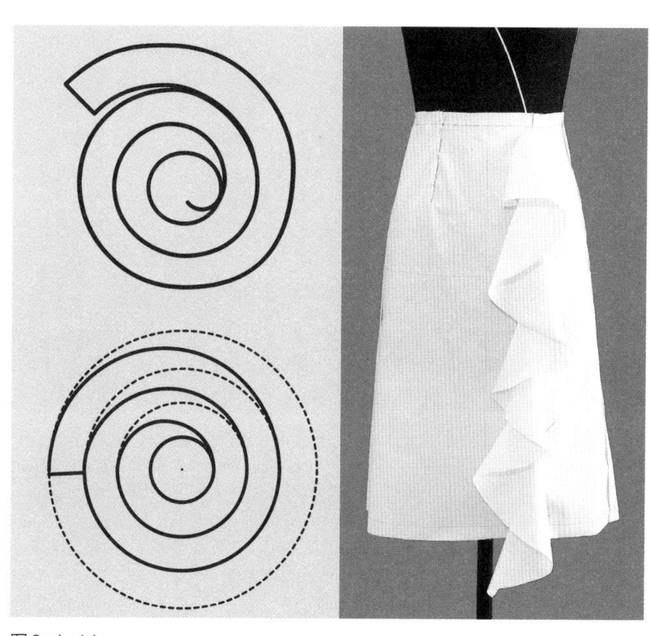

图6-1-14

12. **完成整体造型**（图6-1-15）

13. **完成的样板**（图6-1-16） 从样板中可以看出波浪装饰片约形成180° 左右的弧形，但在准备面料时应多预留出一些，因此取了在中间位置剪入，这种方法有通用性，可以满足更多波浪量的要求。

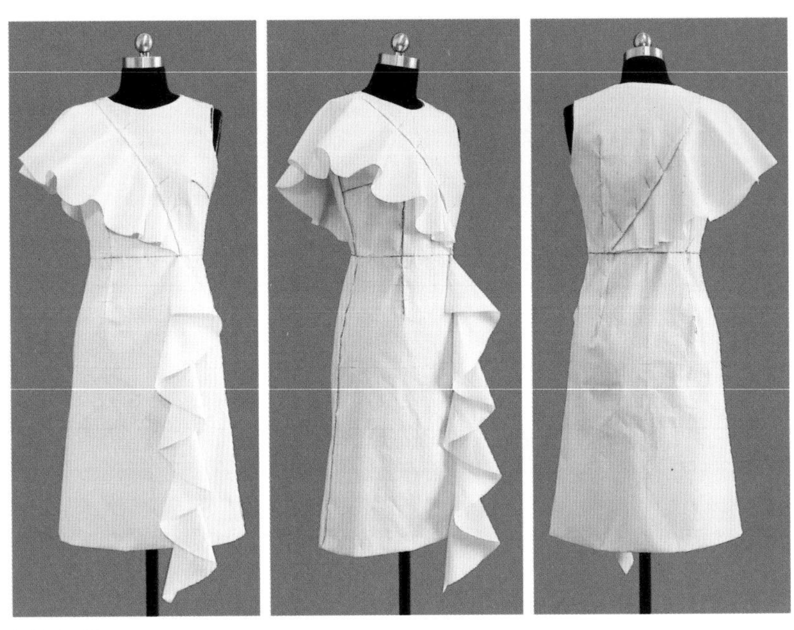

图6-1-15

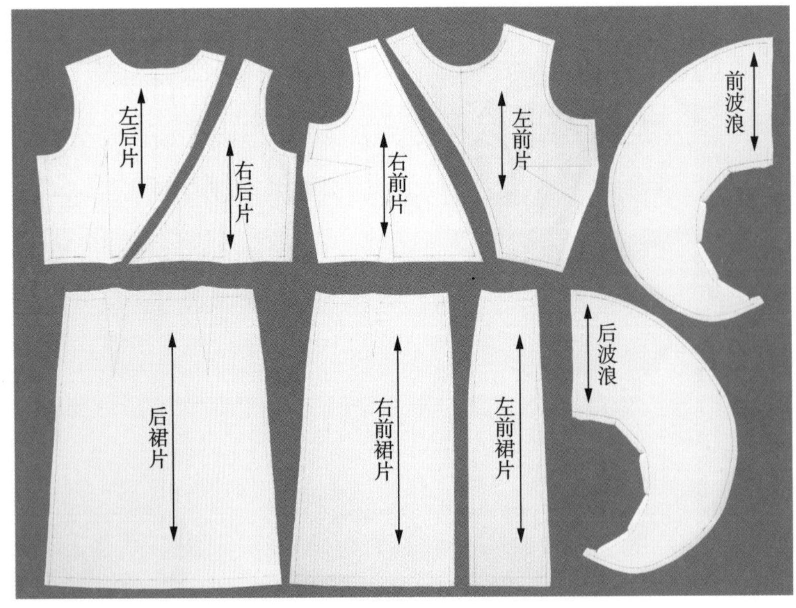

图6-1-16

第二节　旋转分割插裆礼服裙

一、款式分析

衣身分割线呈独特的旋转状，上止口从高到低的阶梯状与臀胯部高高低低的插裆位置在视觉上形成呼应，裙摆由众多的插片产成丰富的波浪形态，与合体的衣身形成强烈的对比。拉链可装于旋转状分割线中（图6-2-1）。

旋转分割插裆礼服裙

图6-2-1

二、粘贴款式线

在人台上根据款式图贴出上止口线、各条旋转状分割线、插裆位置。由于人体是三维的立体形态，所以在贴旋转状分割线时主要观察视觉上的每个块面比例均衡，可以先分割大块面，然后再细分。为使插裆位置高低准确，直接将各插裆点连接成斜向线条。每条分割线可以先定出两个端点，然后连接圆顺。贴好款式线后，从远处观察整体的旋转线条感觉是否自然美观，再做细微的调整，直至满意（图6-2-2）。

三、面料准备

由于块面比较多，为使表达清楚，将每个块面编好号，从前中心处的块面编为第一片开始，顺着人台右侧方向依次编号，共12片。由于是旋转形态，每一块的斜度都比较大，取料时宽度应量取该块面的最边缘端点再加上裙摆扩大所需要的余量。如图6-2-3所示，各片长度取150cm，宽度取40cm。

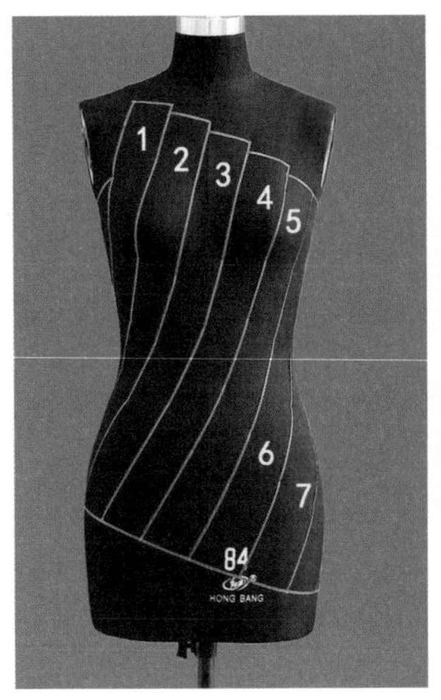

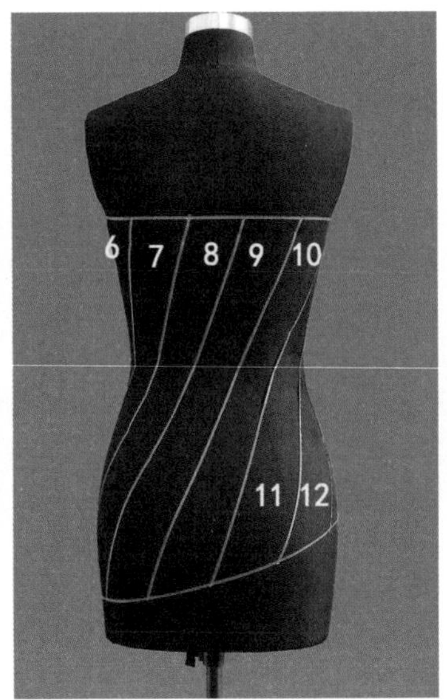

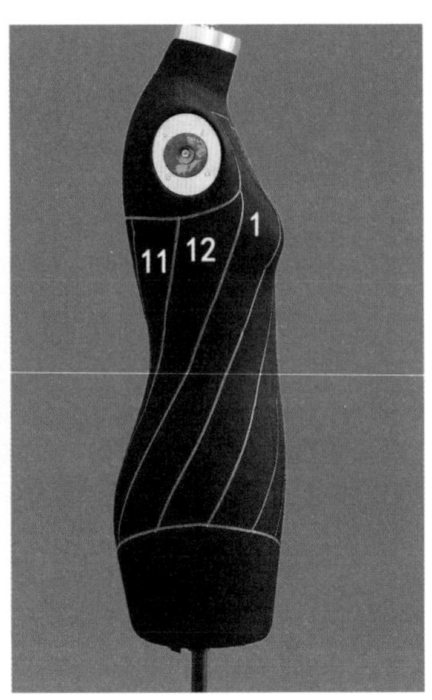

图6-2-2

四、立体裁剪

1. **固定第三号衣片** 第三号衣片居于前中，因此从此片开始制作。将人台调整至所需高度后，使坯布保持经向丝缕的铅垂状放上人台固定。由于布料比较长，可以在多处用针固定，使之基本保持平整（图6-2-4）。

2. **将第三号衣片沿分割线造型** 保持坯布的横平竖直状态，分别平行于左右分割线，留取足够余布后粗剪至插裆点上方约5cm处。然后在余布上均匀地打剪口，使坯布贴合该块面固定，不发生紧绷现象。沿上止口线、分割线做标记至插裆点，在腰围线处做好对位记号，取下连接成顺畅的弧线，放缝修剪后放回人台（图6-2-5）。

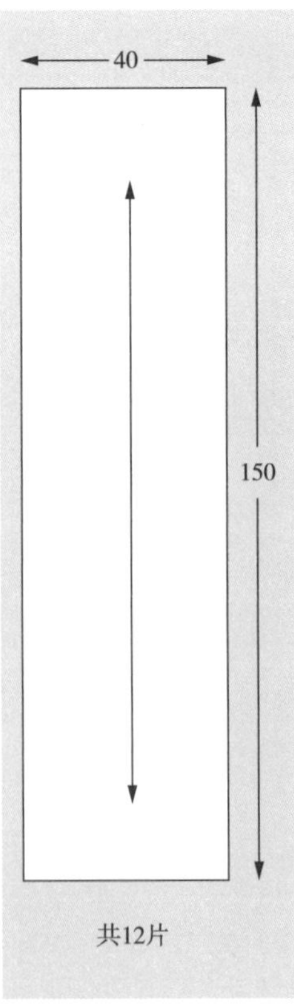

图6-2-3

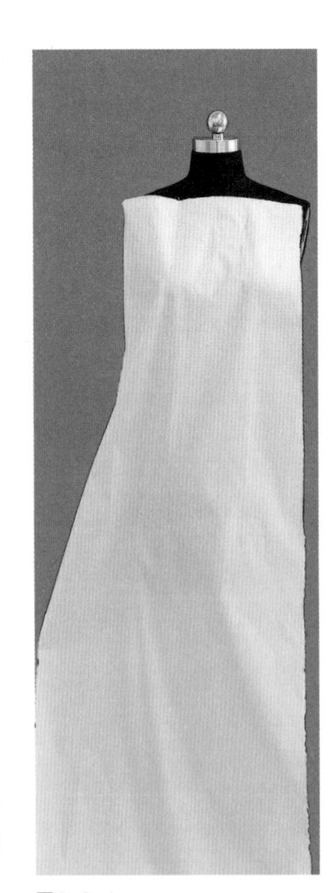

图6-2-4

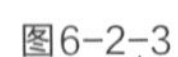

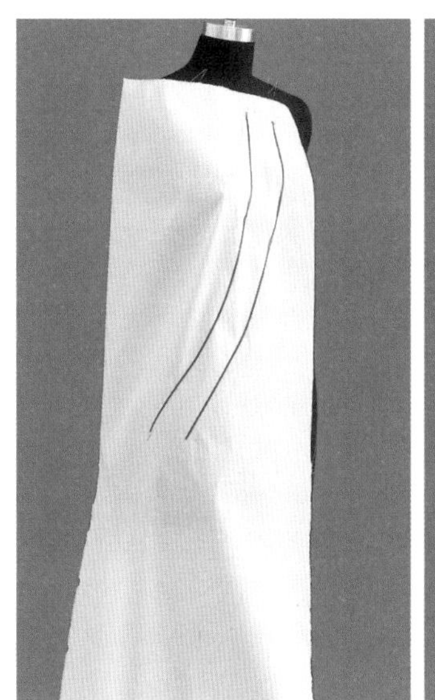
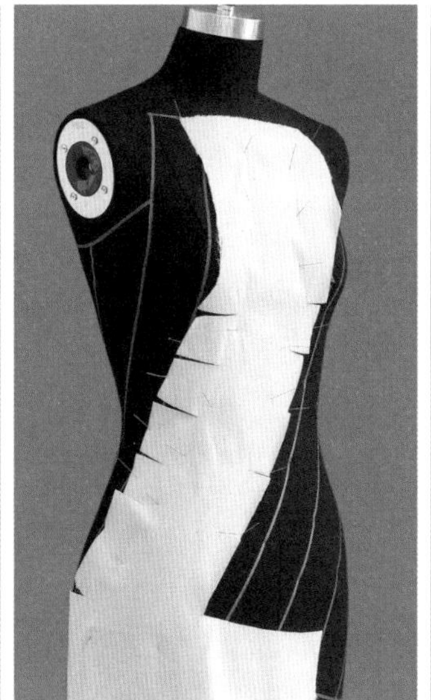
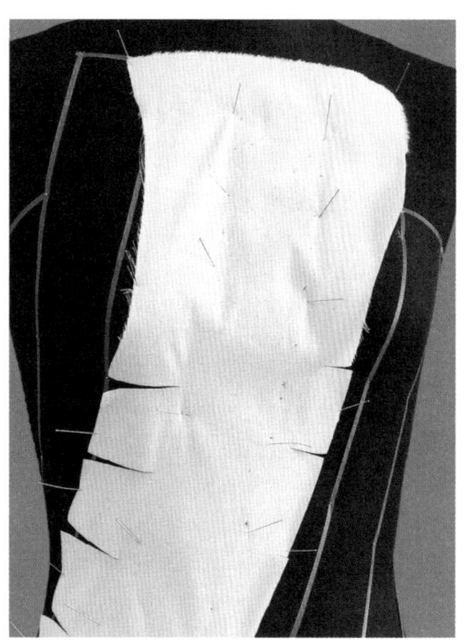

图6-2-5

Tips >>>

腰部的对位点可以在款式线粘贴好后用大头针钉在该位置，这样做标记时可以在白坯布表面摸到，提高准确性。

3. **确定裙片造型**　裙片呈A型形态，为使A型均衡对称，在左右插裆点的中心位置借助垂挂一重物来获得裙片的中心铅垂丝缕线。因为从款式图中看出摆量丰富，远离人体，所以加大的摆量只需呈直线状，可在中心丝缕线两旁量取同样的宽度以得到对称的摆量造型，如图中用胶带贴出（图6–2–6）。

4. **完成第三号衣片（图6–2–7）**　保留裙片上粘贴加摆的胶带。从人台上取下坯布，连顺分割线，从插裆点开始按左右对称的加摆量直线连接至裙摆，即为完整的分割净样线，放缝后修剪，放回人台检查。

5. **完成相邻的第二号衣片和第四号衣片（图6–2–8）**　用相同的方式完成相邻的左右两片，即第二号衣片和第四号衣片，在人台上保持横平竖直的状态固定，沿款式线粗剪，余布打剪口，固定到裙片部分对称加摆，取下连线，放缝后修剪，将这三片沿分割线依次别合，观察立体形态。满意后处理下摆，使各片的下摆垂挂后呈水平状，其方法同波浪裙。

6. **插裆造型**　量取各个插裆点至裙摆的长度，因各插裆点呈斜向状分布，高低各不同，需分别量取并编号记录。用平面裁剪的方式裁剪出插裆片，裁剪图如图6–2–9所示。

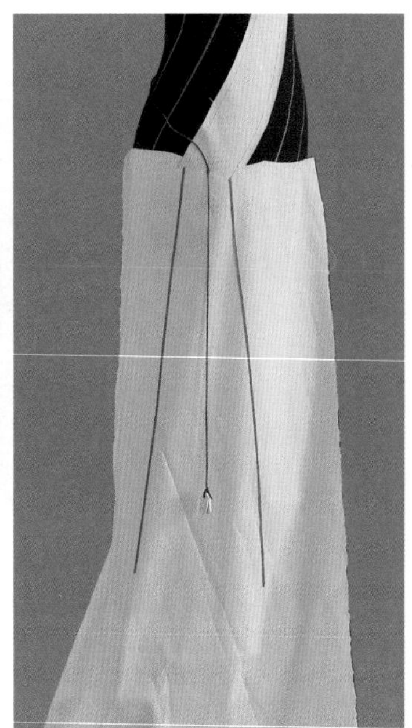

图6-2-6

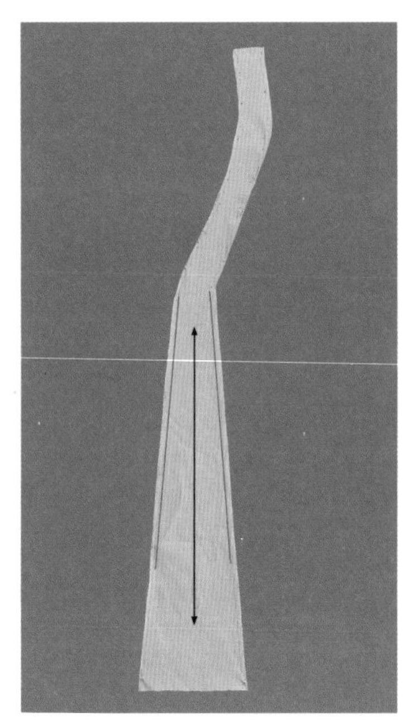

图6-2-7

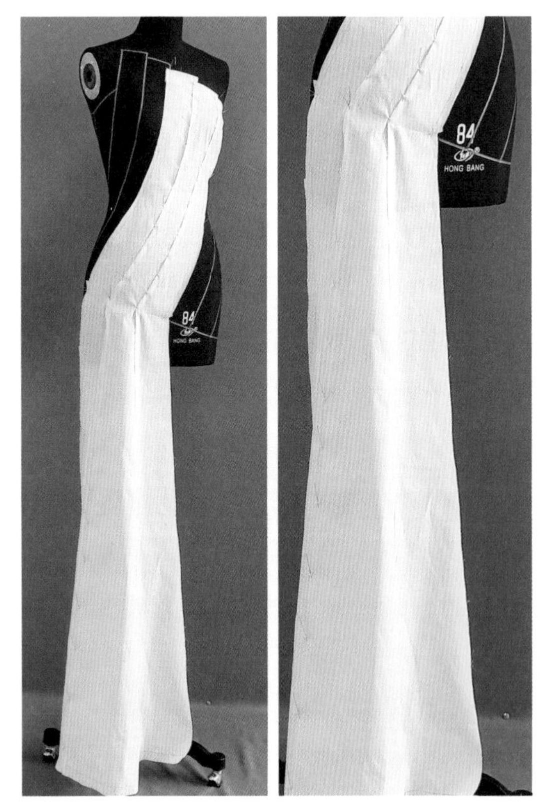

图6-2-8

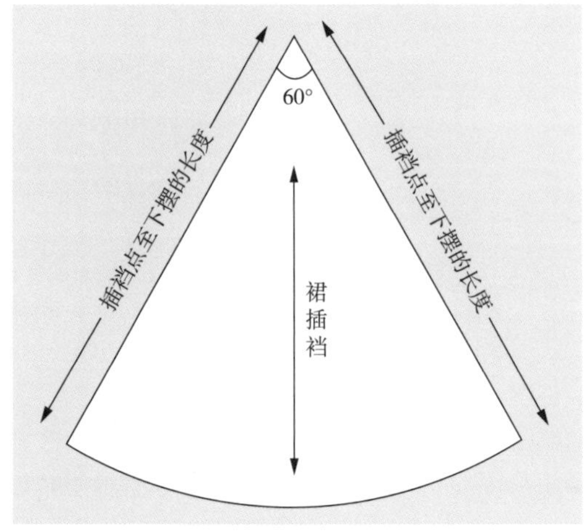

图6-2-9

根据平面样板裁剪插裆后直接与左右两片连接。插裆片垂挂在下摆处形成丰富的波浪（图6-2-10）。

7. **立裁其余的衣片**　用相同的方式完成其余裁片的立体造型，将所有裁片拼合后检查完成效果（图6-2-11）。

裁片图如图6-2-12所示。可以看出，各裁片的衣身部位弧线曲率比较大，人体的胸、腰、臀造型得以实现。

图6-2-10

图6-2-11

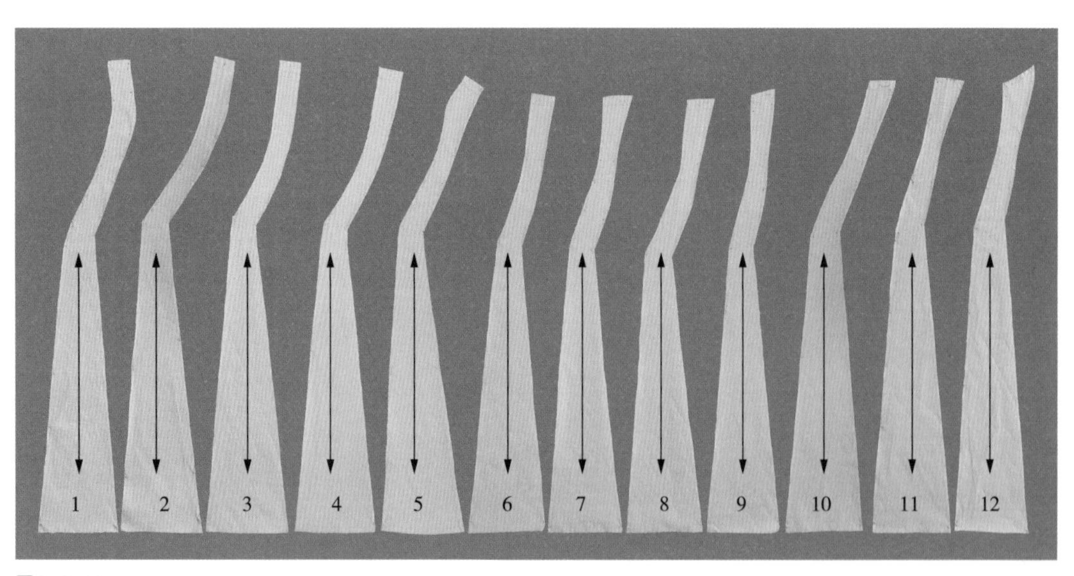

图6-2-12

第三节　不规则横向抽褶礼服裙

一、款式分析

这是一款衣身设计成横向不规则抽褶的礼服裙，抽褶形成了强烈的肌理感。侧缝不分割，由前身围裹至后身公主线处，胸腰部位合体，下摆处由褶裥的余布自然下垂形成波浪状独特的下摆造型（图6-3-1）。

不规则横向抽褶礼服裙

图6-3-1

二、粘贴款式线

按照款式贴出前高后低的弧形上止口线、前后衣片之间的分割线以及后衣片的分割线。其中前后衣片之间的分割线从后片延伸至前腹部，经过人体的胸、腰、臀部，因此斜度和曲度都比较大，需首先粘贴，粘贴时顺着体表的起伏使之达到视觉上的流畅。然后粘贴后衣片的分割线，在腰、臀部的曲率也会比较大（图6-3-2）。

三、面料准备

根据人台上的贴线分别准备背面两片、前下片和碎褶用料，面料尺寸如图6-3-3所示。

四、立体裁剪

1. **固定后中片**　后中片对齐后中心线后放上人台，沿后中向分割线方向贴合人台抚平至分割线，留取适当余布后粗剪，为使腰部贴合，适当打剪口（图6-3-4）。

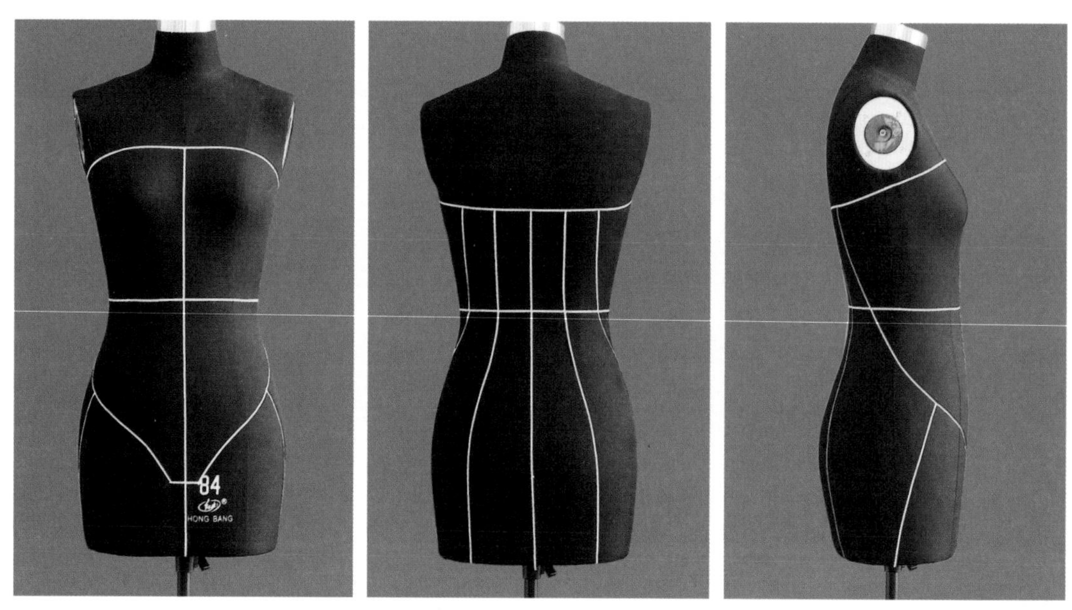

图6-3-2

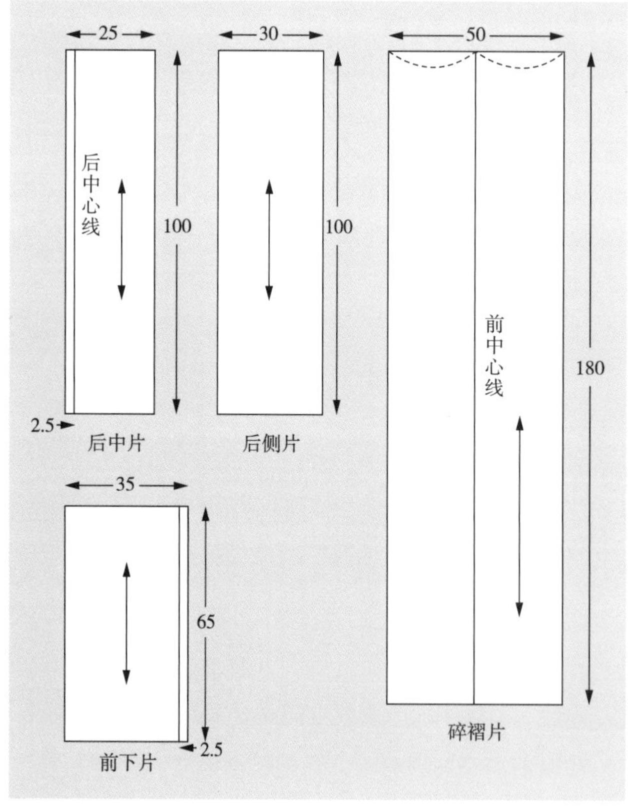

图6-3-3

图6-3-4

2. **别合后侧片与后中片**　将后侧片保持直丝缕铅垂状放上人台固定，预留足够余布后粗剪，为贴合人台在腰部打剪口，然后与后中片掐别别合，先在上止口点、腰节点和臀点这三个关键点处别合，然后顺畅连接这三个点位，可以在腰部适当地加放少量松量，以自然贴合不起皱为宜。臀点以下的下摆适当地加放出呈直线状的摆量，后中片与后侧片对称加放（图6-3-5）。

3. **别合前下片与后侧片**　将前下片对齐前中心线后固定，从前中心向侧缝方向贴合人台抚平，与后侧片掐别，注意由于人体侧面臀部弧面特征，会在该部位形成少量的吃势，可以做上对位记号以确保造型准确。臀围线以下部分与后侧片在侧面构造出A型的廓型，与人台的侧缝线保持一致（图6-3-6）。

4. **完成后中片、后侧片和前下片**　将这三片裙片沿人台上的款式线做好标记和必要的对位记号后取下，连接成顺畅的净样线，放缝后得到各裁片，完成拼合后放回人台检查立体效果（图6-3-7）。

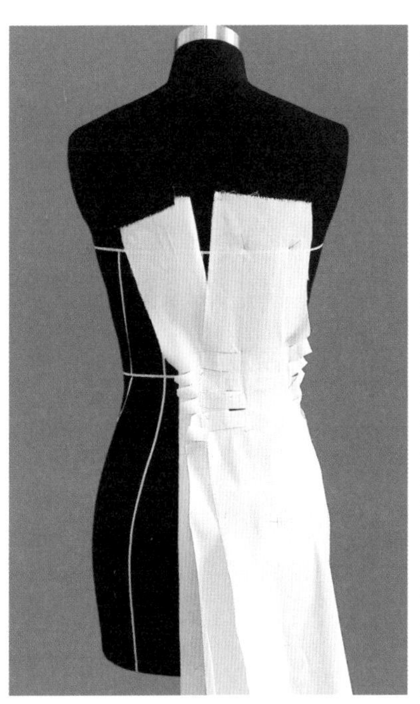

图6-3-5

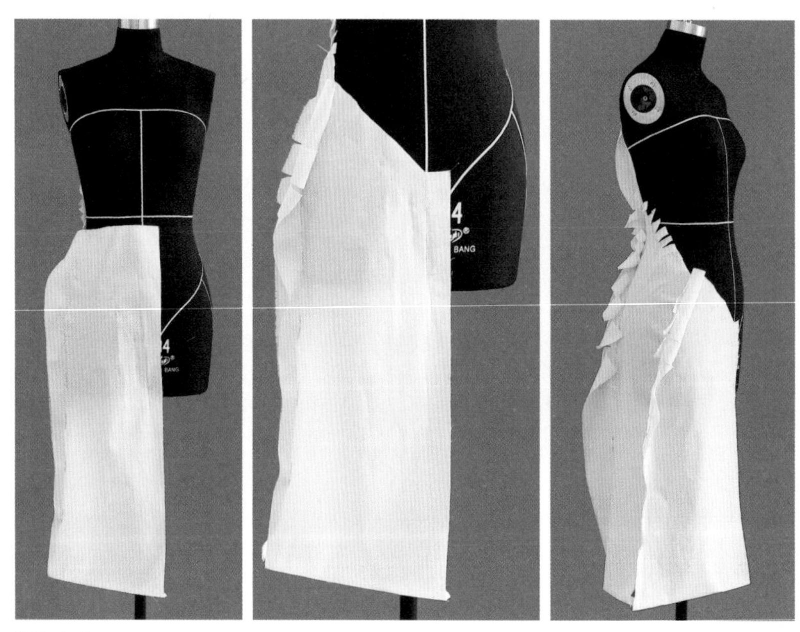

图6-3-6

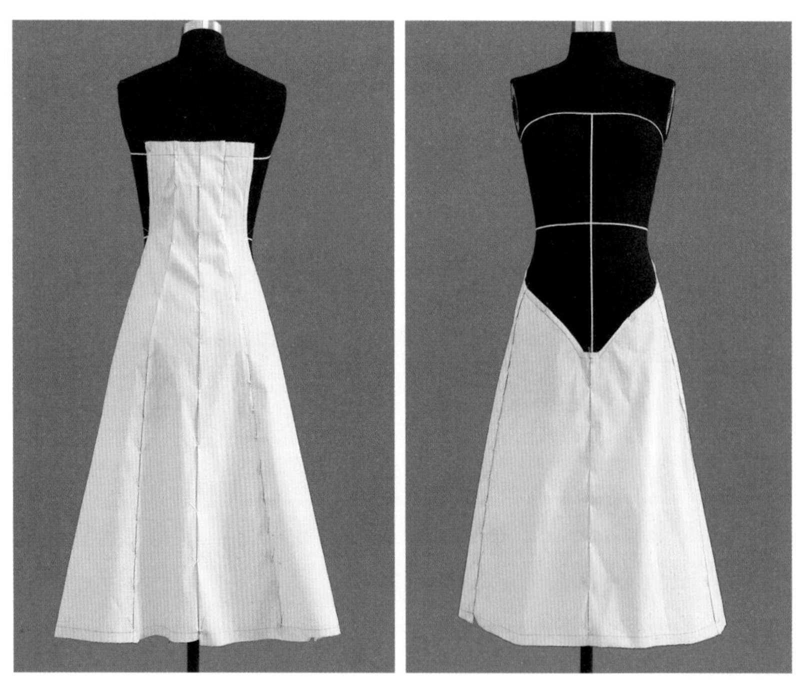

图6-3-7

样板如图6-3-8所示，从样板上可以看出后片的摆量由后中片与后侧片一起增加而实现，前片的摆量则都体现在侧缝上。

5. **立体制作碎褶的造型** 取薄型的白坯布来制作碎褶。由于横向碎褶量大，所以取长度约为三倍的坯布，保持前中心线对齐，在左右两侧以随意碎褶的方式堆积出横向褶，注意在经过胸、腰、臀部这些立体部位时需将省道量融合入碎褶中，贴合人台的曲面构造出立体形态，碎褶随意而不乱，整体均衡，疏密有致（图6-3-9）。

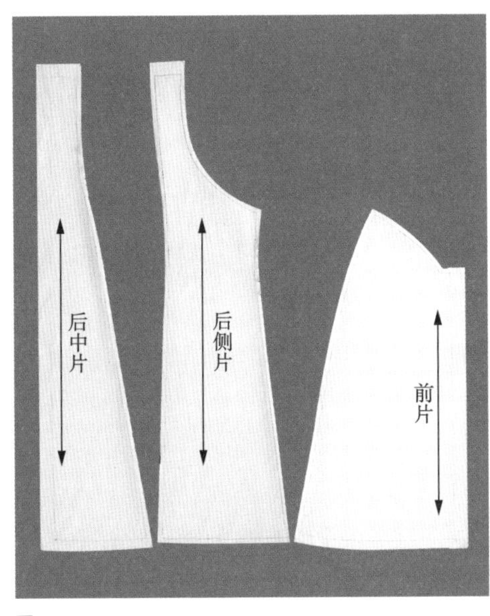

图6-3-8

Tips >>>

做碎褶时，可以在靠近两侧侧缝处同时向上提起折叠量后固定，在前中心线处也稍向上提起，然后顺着面料自然形成的褶痕稍加整理后固定。要想褶痕不死板，在左右两侧提起的折叠量和倒向要不断变化，使每一小段后布料上的中心线再完全对齐中心线。由于前高后低的止口线以及胸部的立体造型，在侧面和后中所要处理的折叠量远大于胸部的折叠量，这一段的处理相对最难，需借助折叠量的大小，即侧面和后中的折叠量大、胸部的折叠量小，以及折叠的个数，即侧面和后中的折叠个数多，胸部的折叠个数少来处理。腰、腹部这一段前中心与侧面的差异比较小，折叠量保持基本均衡即可。

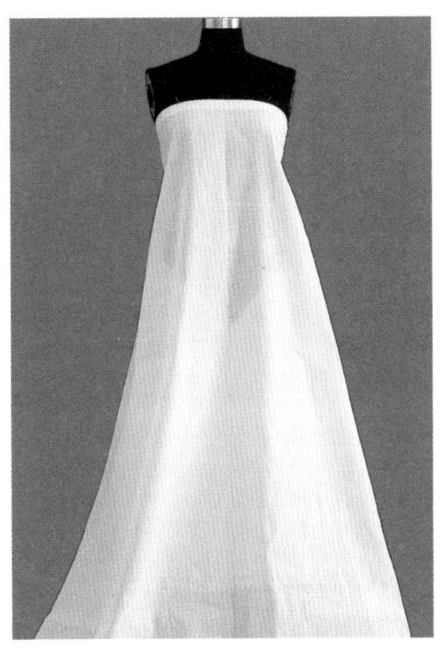
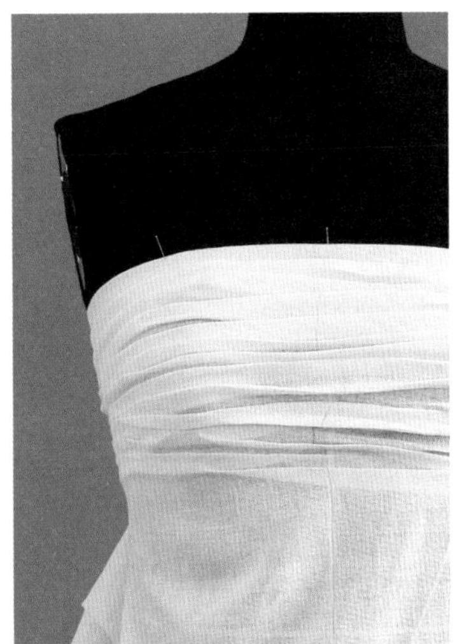
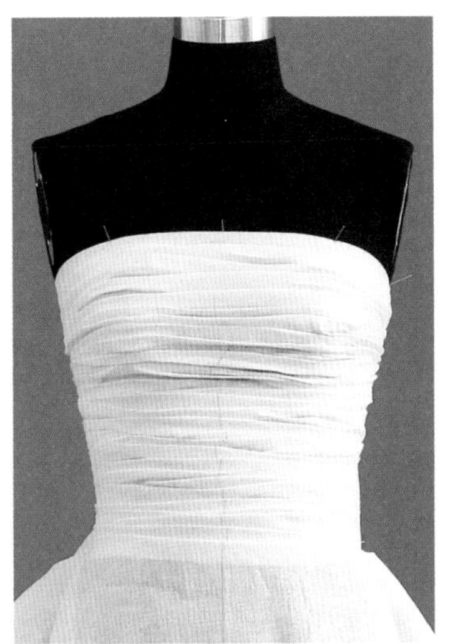

图6-3-9

6. **完成碎褶造型** 始终保持前中心线处的丝缕总体垂正，采用两侧提起捏褶的相同方法继续完成碎褶造型，直至与裙片的分割线处勾勒出腰部的曲线美感，始终注意碎褶的整体均衡感（图6-3-10）。

7. **确定波浪摆的宽度** 为保持前后衣片分割线的顺畅形态，在完成的碎褶衣片上用胶带重新粘贴好该分割线，以便于准确做标记。然后在余布上按照所需要的波浪宽度从上止口线开始贴至下摆，因为碎褶形成的波浪边缘不像做波浪时曲度那样集中在几个点上，而是浅浅的曲折边缘，所以可以在余布上先定好几个关键点，如上止口的边缘宽、垂挂后的尖角点，然后将余布提起，用胶带将两点贴顺，从远处观察波浪摆的效果，满意后将多余的布料修剪去除（图6-3-11）。

8. **完成礼服的最终造型** 礼服的正面、背面及侧面效果如图6-3-12所示。

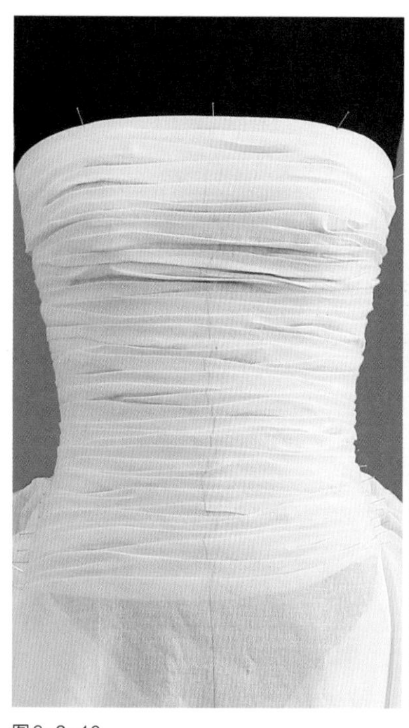

图6-3-10

图6-3-11

图6-3-12

第四节　多片系带长裙

图6-4-1

一、款式分析

此款礼服块面感丰富，前后衣片表面为多片不规则几何形，质感硬挺，通过系带组合而成，富有新意。胸部是有细密的放射状褶裥形成的块面，腰、臀部两个呈交叉状的褶皱块面与胸部呼应，下半身是单向褶裥的裙片，一侧及地，前公主线处设有开衩。整体刚柔并济，质感对比丰富（图6-4-1）。

二、粘贴里层的款式线

根据穿着的层次可知，外面的不规则几何块面覆盖在表面，因此先在人台上贴出里层的款式线。除基础的胸围线、前后中心线外，贴出胸部圆弧形块面、下胸围线、前后腹部分割线（图6-4-2）。

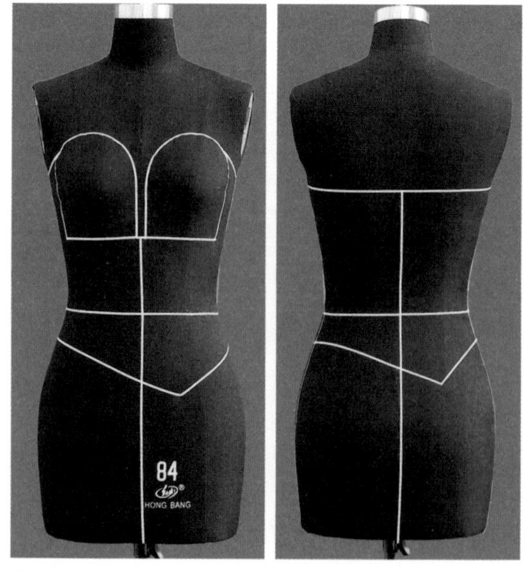

图6-4-2

三、面料准备

为使表面几何块面的效果不受里层的线条干扰，突出其完整性，里层的衣身采用斜裁的方式贴合人体，不进行分割。因此里层的前后衣片取斜料使用（图6-4-3）。

四、立体裁剪

1. **固定和立裁前片**　将坯布的正斜丝对齐人台的前中心线固定，沿胸下围处的款式

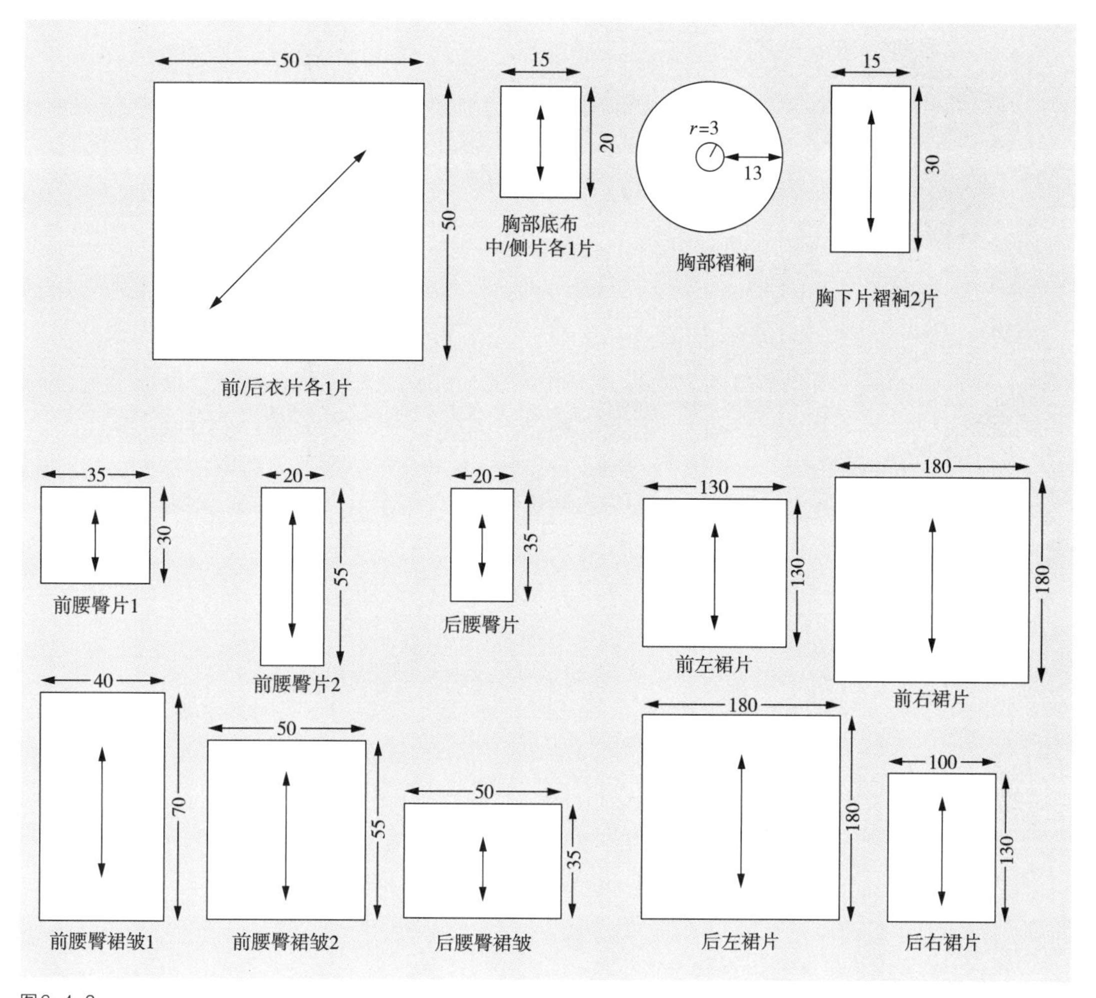

图6-4-3

线抚平，留出足够余布后粗剪，打剪口后逐步贴合人台固定，继续抚平至腋下点固定。为使腰部合体，在腰侧部位的左右余布均匀打剪口后稍加拔开，这是利用和发挥斜丝方向容易延伸的性能特征，拔开时注意左右两侧的平衡，不发生扭曲。可以看出，通过这样的处理，无需腰省或分割就能基本贴腰。最后沿下止口线固定，留取余布后修剪（图6-4-4）。

2. **固定和立裁后衣片** 同样将坯布的正斜丝对齐人台的后中心线固定，在左右腰侧部位的余布均匀打剪口后稍拔开，由于人体的后腰呈“S”型凹进，不能为追求贴合人体而过分拔开，还是要顺应面

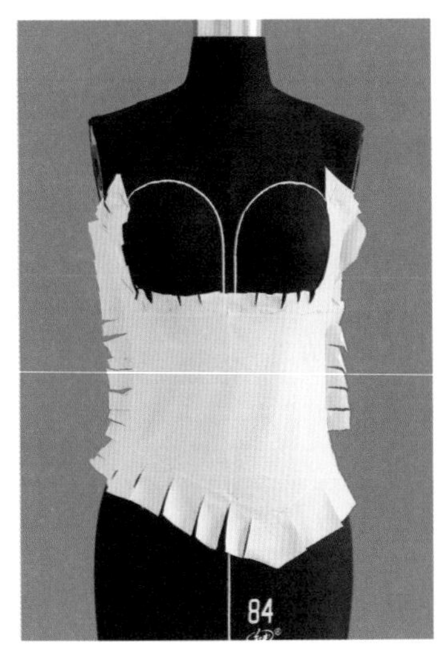

图6-4-4

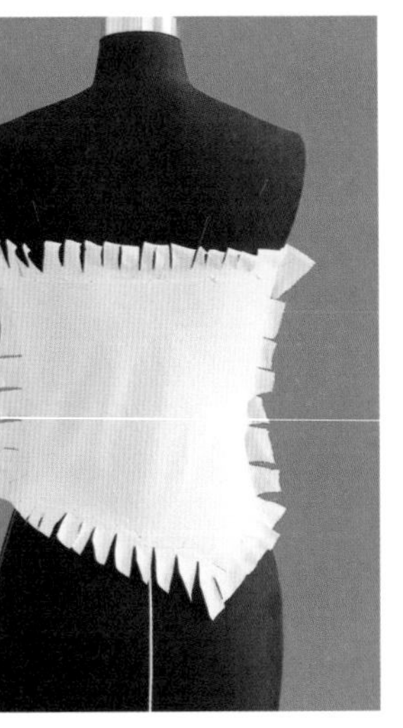

图6-4-5

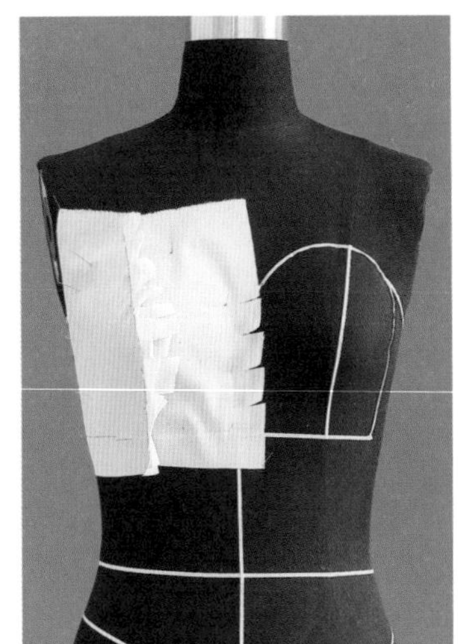

图6-4-6

料的性能而为，以自然不扭曲为宜，后腰处仍然会保留少量的松量（图6-4-5）。

3. **固定和立裁胸部底布** 将两片坯布分别保持经向丝缕铅垂状态后固定，沿分割线将它们掐别在一起，经过胸高点附近时需打剪口，其余边缘沿款式线固定，打剪口。其方式同公主线款式的立裁（图6-4-6）。

4. **完成各裁片** 将前、后衣片沿款式线做好标记及对位记号，如腰侧点，从人台上取下，连顺净样线后放缝修剪。将两片胸部底布也用同样的方法处理好，样板如图6-4-7所示。

缝合后，将上止口线扣烫放回人台（图6-4-8）。

5. **做胸部放射状褶裥** 因放射状褶裥的中心处多层面料堆叠会比较厚，取薄型白坯布为材料。从侧面的胸围线开始，以胸高点为中心向边缘折叠出均匀且细密的放射状褶裥。沿上止口线固定，修剪余布，直至中心处的水平胸围线，即整个放射状褶裥呈现半圆形（图6-4-9）。

6. **固定胸下片** 按照胸部放射状褶裥的外边缘间隔宽度，将布料熨烫呈规律的单向褶裥，褶裥倒向取与已完成的放射状褶裥胸围线

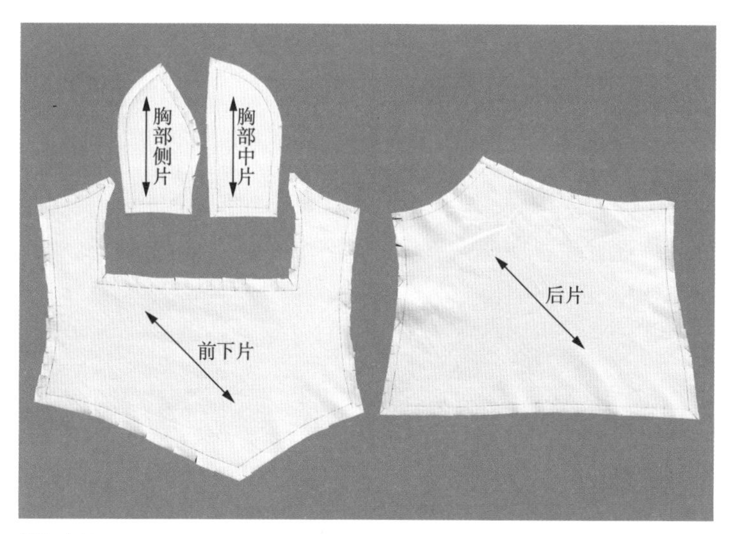

图6-4-7

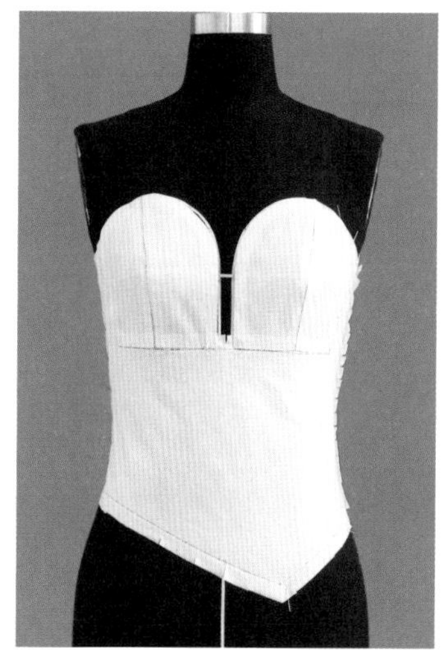

图6-4-8

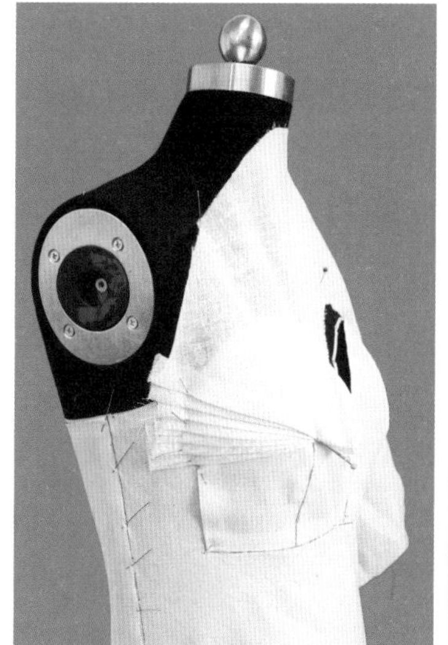

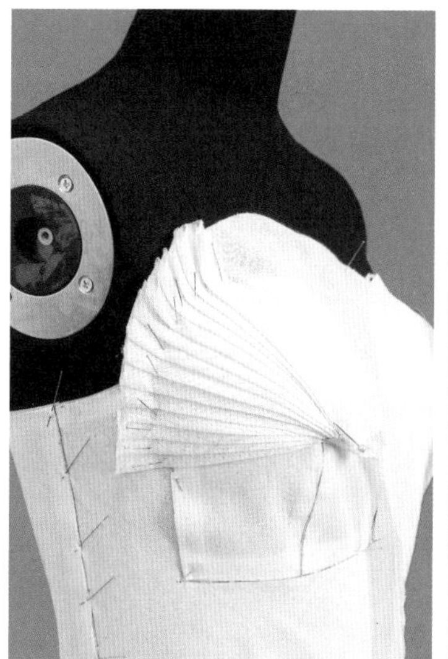

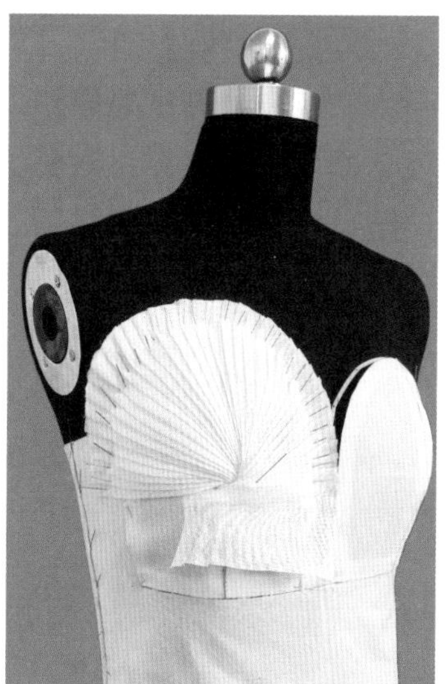

图6-4-9

Tips >>>

折叠均匀的细密褶裥可以先尝试叠出五六个褶裥来确定细密的程度，确定效果基本满意。将坯布的内弧和外弧大致分成四个块面，每个块面完成约四分之一的褶裥。折叠时要兼顾止口线和中心点即胸高点处两处的均衡。胸高点处随着褶裥的折叠成型厚度会逐渐增加，到最后收口时仔细内扣固定。

水平拼接处顺接，使拼接后在视觉上形成褶裥的整体连贯效果，因此左右两片褶裥倒向相反，即靠近侧缝处的块面褶裥倒向朝下，靠近中心处的块面褶裥倒向朝上。沿胸高点以下的中心线拼合。与已完成的胸部放射褶裥融合成为一体（图6-4-10）。

7. **完成胸部块面的造型** 为方便做标记，在完成的褶裥表面再次用胶带贴出胸部块面的款式线（图6-4-11）。留取缝份后修剪，并扣烫固定于胸部底布上。用相同的方法完成另一侧的胸部造型，注意左右对称。

8. **腰臀部褶皱块面底布的立体造型** 前、后腰臀部位分别有两片和一片褶皱块面，先完成底布的立体造型。将各片坯布以贴合人台的方式分别固定，做标记，取下连线，放缝修剪，如图6-4-12所示。

与衣片分别拼合后放回人台检查效果（图6-4-13）。

9. **完成腰臀部褶皱的立体造型** 取前右臀侧的褶皱表面坯布，沿两侧款式线推出褶皱，使褶皱有疏密变化，张弛有度，不呆。做完所有褶后，对部分效果不满意的部分可以松开部分别针进行局部的调整。确定造型后在人台上用倒回针固定好褶裥，取下与底布缝合，沿底布的缝份修剪。另两个褶皱块面也用同样的方式完成褶皱造型（图6-4-14）。

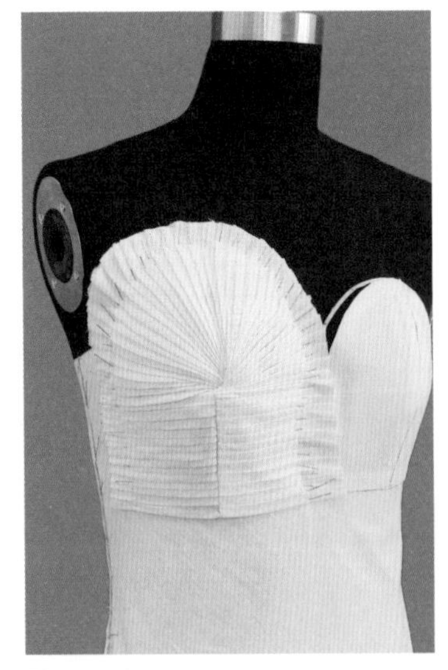

图6-4-10

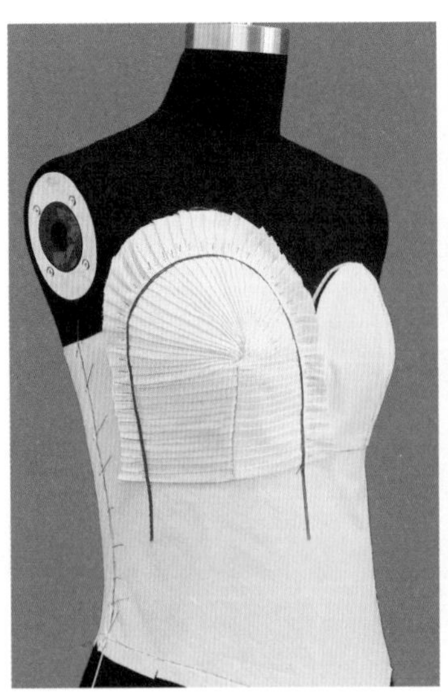

图6-4-11

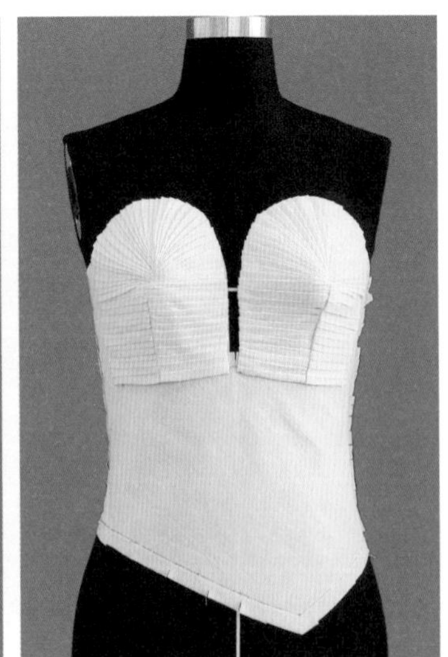

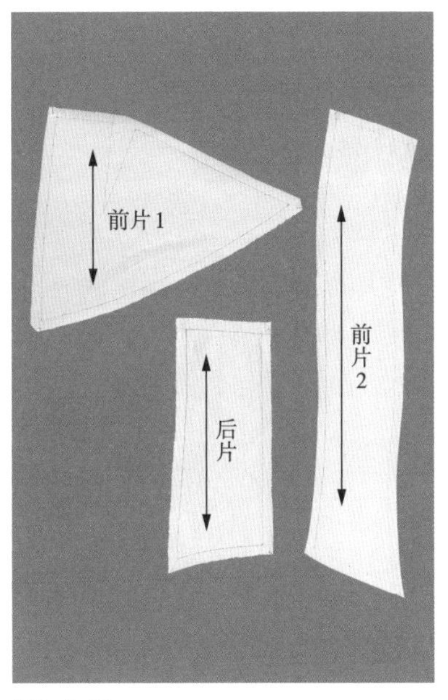

图6-4-12

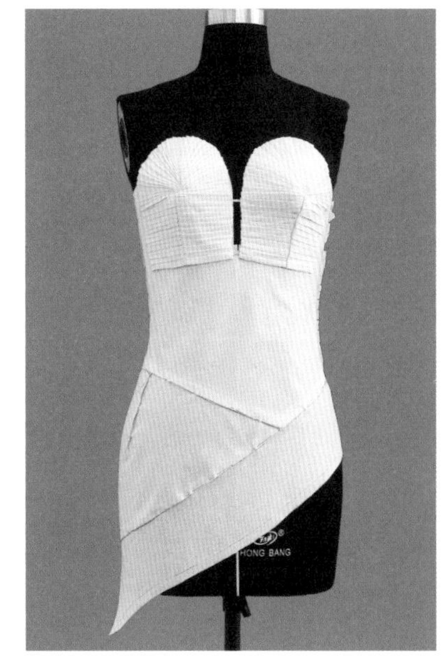
图6-4-13

10. **完成裙片的立体造型**　除右后侧裙片以波浪裙的方式立裁外，其余的裙片都按照裥裙的方式立裁，在与腰臀片拼合的部位做出褶裥，下摆自然扩张。注意定裙下摆时，前左侧裙片与右侧裙片中间有开衩，左侧裙片的裙长稍短，长度逐渐加长到与后裙片同长（图6-4-15）。

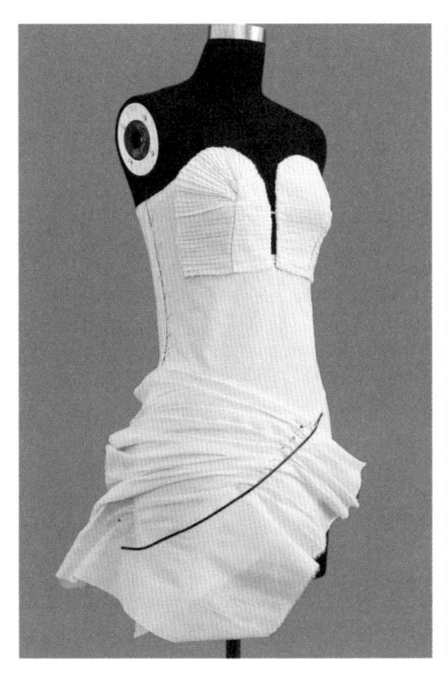

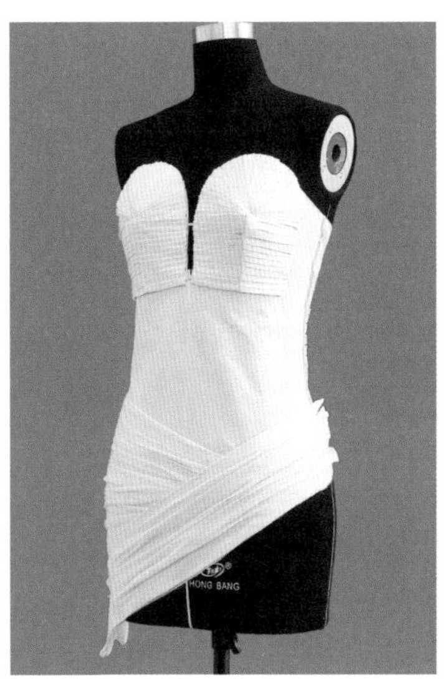

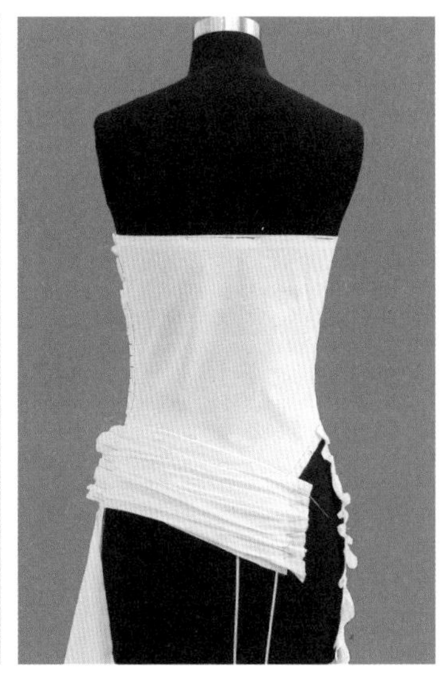
图6-4-14

11. **贴出表面几何块的款式线** 在已完成的衣片表面用胶带贴出表面的五个几何块面。由于都是不规则的块面，有的相邻块面间贴合，有的相邻块面间有较大的空隙，需仔细对照参照点，斟酌比例后确定。尤其是前中心块面，它位于视觉中心，要求位置和比例都需准确（图6-4-16）。

12. **表面几何块的取料和立裁** 依次量取每个几何块面的最宽处和最长处，各加上约10cm的余量后即为该块面的取料尺寸。将各块坯布保持直丝缕垂正状态固定于已完成的上衣分割块面上，留出约1cm的系带空隙，沿款式线做标记后取下连线，放缝修剪。为突出块面的硬挺感，熨烫黏衬制作成双层（图6-4-17）。

13. **定气眼位置** 在每片几何块的两侧定出对应的气眼位置。有的气眼并不用于穿带，有的气眼需相邻两片穿带。每一排的气眼间距并不完全相等，先确定需要穿带的气眼位置高低，然后通过调整气眼个数和间距来平衡。可以在衣片表面用针临时固定气眼，把气眼位置排列出来，观察是否整体均衡，确定后做好标记（图6-4-18）。

14. **完成系带的穿入** 用交叉的方式将系带在相邻两片之间从上而下穿入气眼，末端打结，余下的系带自然垂挂下来（图6-4-19）。

15. **整理礼服裙最终效果**（图6-4-20）

图6-4-15

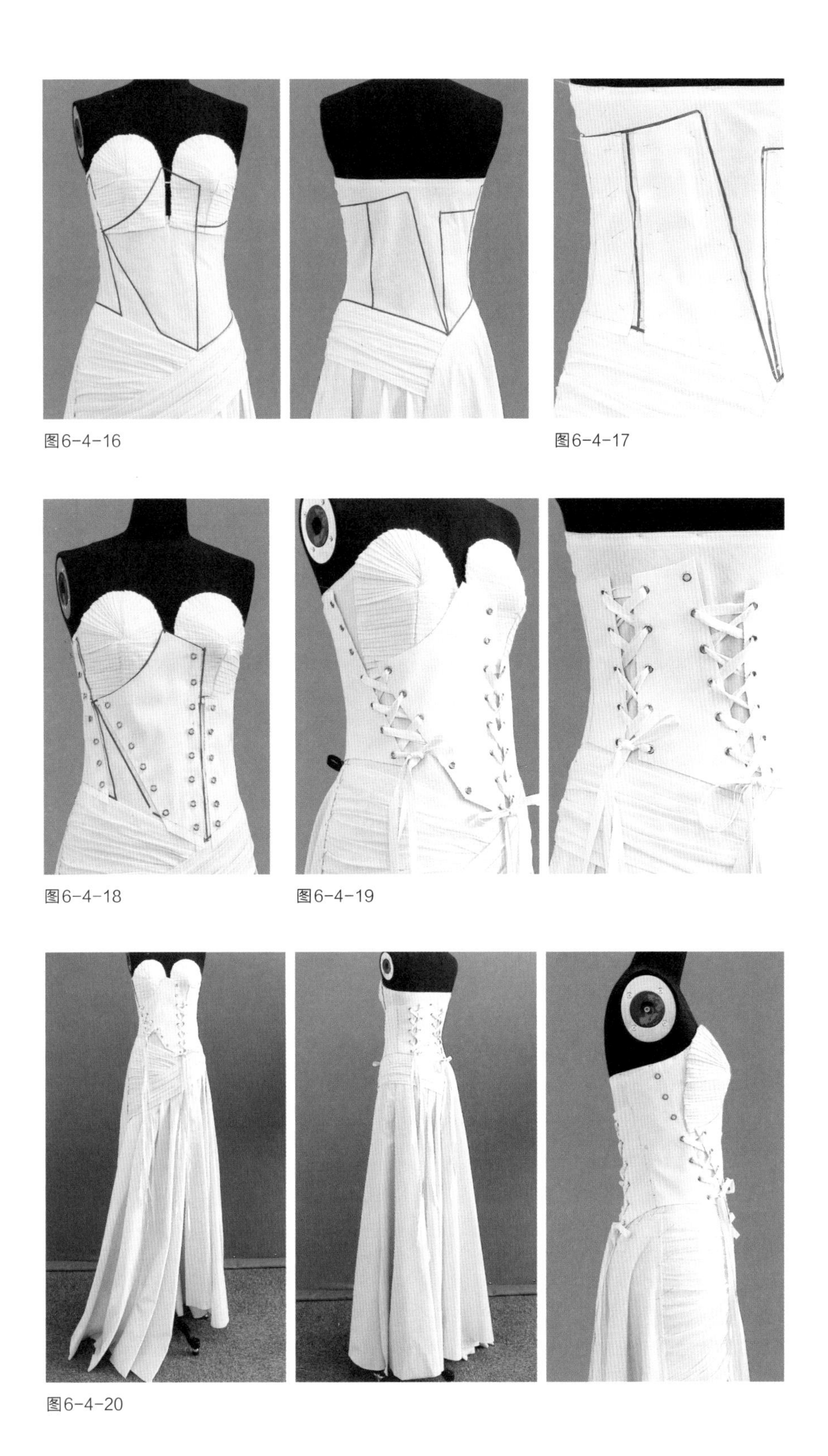

图6-4-16

图6-4-17

图6-4-18

图6-4-19

图6-4-20

第五节　放射褶长裙

一、款式分析

此款礼服以放射状褶裥为主要款式特征，衣身上半部分非常合体，褶裥沿左侧公主线发散，腰、臀部有浅环浪设计，与褶裥形成视觉上的延伸，腰部装饰有立体花卉，前后领口处有光洁的装饰片，增加了层次感；后衣片为公主线分割，体现腰部的纤细。礼服的下半身为波浪长裙，裙长及地（图6-5-1）。

二、粘贴款式线

在人台前衣身上贴出上止口线、左侧公主线处的褶裥拼接线、放射状褶裥的款式线、腰臀处浅环浪的款式线和下止口线。注意线条的放射状，由于人体体表是立体的，应达到视觉上均衡的效果。后衣身贴出分割线（图6-5-2）。

图6-5-1

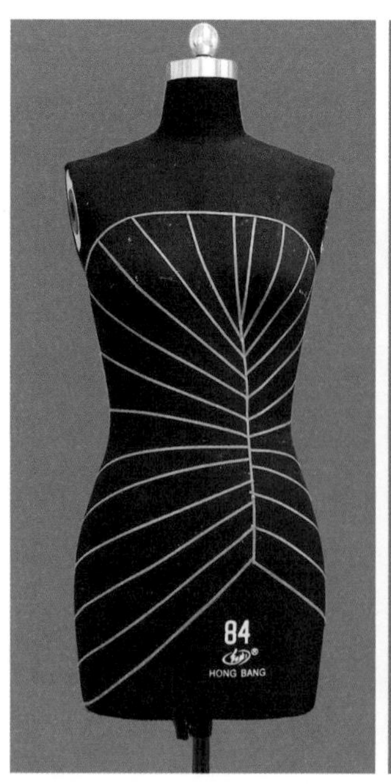

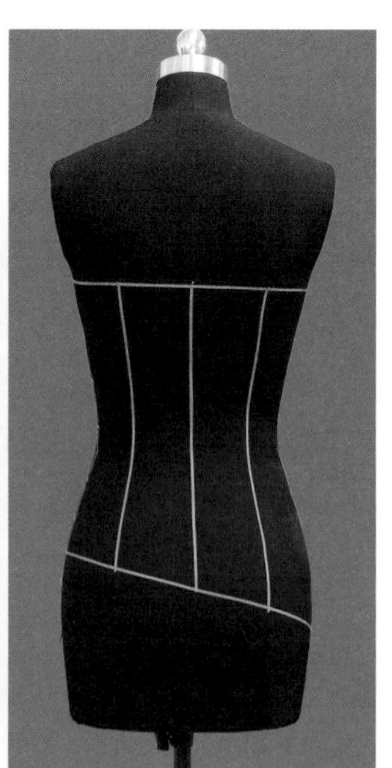

图6-5-2

Tips >>>

因为褶裥是由坯布折叠而成，因此线条应该顺直，弧度不能过大。判断线条是否顺畅，可以取一小块坯布，按斜丝缕方向对折，然后将面料的对折边放到人台体表的款式线上，根据面料自然形成的弧线形来判断款式线流畅与否（图6-5-3）。

图6-5-3

三、面料准备（图6-5-4）

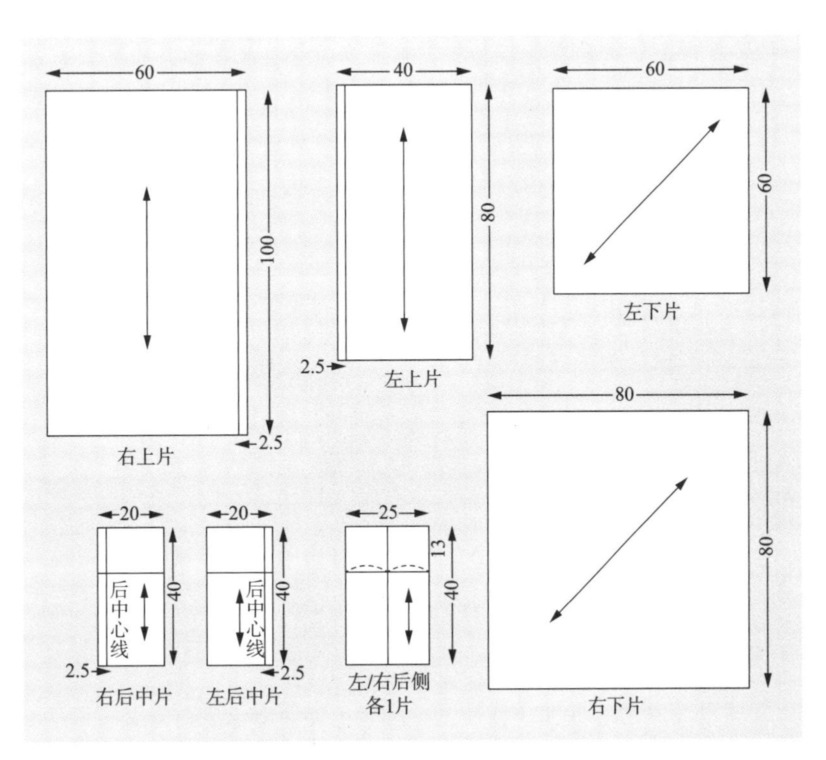

图6-5-4

四、立体裁剪

1. **固定左上侧坯布** 将坯布放至人台左侧后，按款式线折叠出褶裥造型，注意经过胸腰部时通过调节褶裥两端的深浅，将胸腰差量融入褶裥中，使褶裥平服地贴合人台、不扭曲，直至腰部，将余布适当修剪（图6–5–5）。

2. **腰臀部用斜料做出垂荡造型** 将斜丝对齐人台上的款式线后做褶裥，注意要有适当的松弛度以形成浅环浪的效果，造型自然（图6–5–6）。

3. **固定右侧褶裥和浅环浪** 将右侧坯布放上人台，与左侧的方式类似，按贴好的款式线折叠出褶裥造型，分散胸腰差。腰下方用斜料做出垂荡造型（图6–5–7）。

4. **别合左右前片** 按上止口线留出适当余布后修剪，左右片按分割线别合（图6–5–8）。

5. **完成后片分割线造型** 后片按常规公主线的立裁方式获得贴合人体的造型，将胸腰差量和腰臀差量通过公主线处理。为使腰部合体，在各片腰部的缝份适当打剪口后稍加拔开，使其自然圆顺，将各片拼合成型（图6–5–9）。

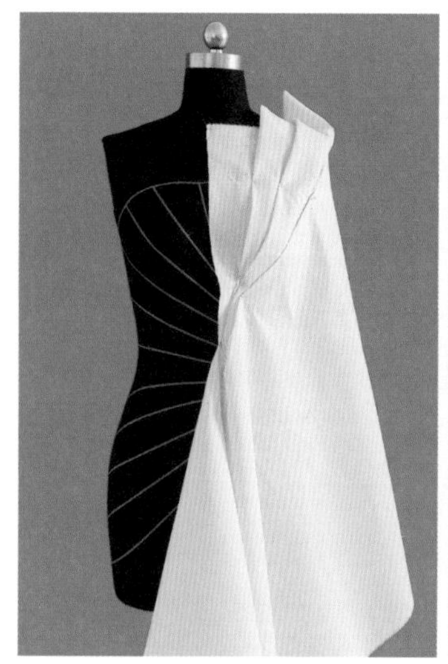

图6–5–5

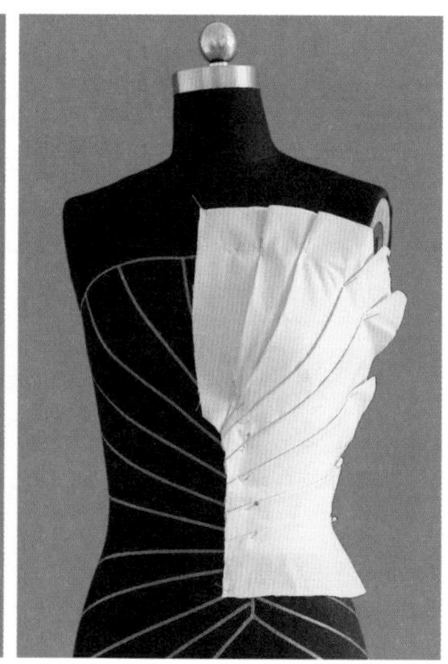

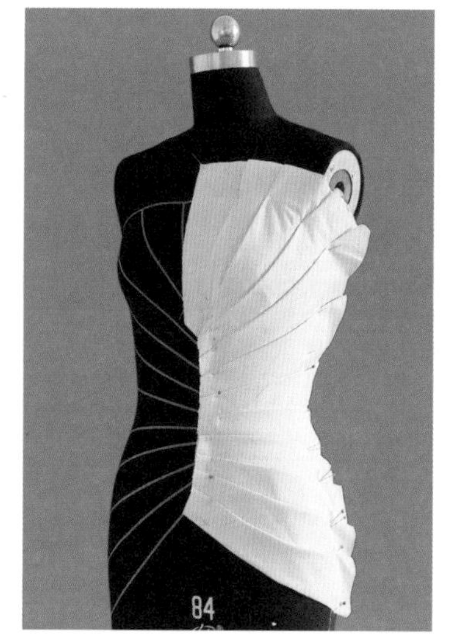

图6–5–6

6. **立裁上止口处的装饰片** 取斜裁的前装饰片将其对折后，以折边作为下边缘，沿上止口线固定。由于上止口线有一定的曲度，会与衣片之间产生少量的空隙，自然形成层次感，更在视觉上体现了胸部的立体感。后装饰片用同样的方法对折后沿止口线固定，由于后衣片的上止口线基本呈水平状，装饰片较贴合人台背部（图6-5-10）。

7. **完成裙片的立体造型** 将前裙片的经向丝缕对齐左右衣片的

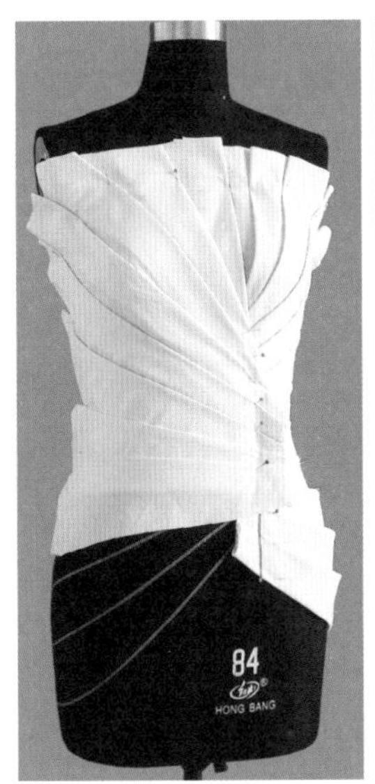

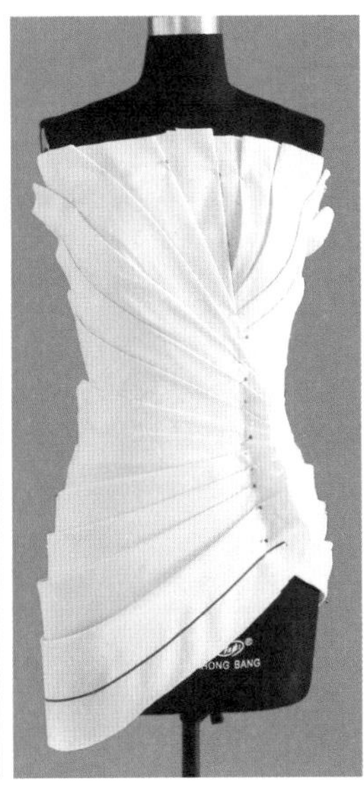

图6-5-7

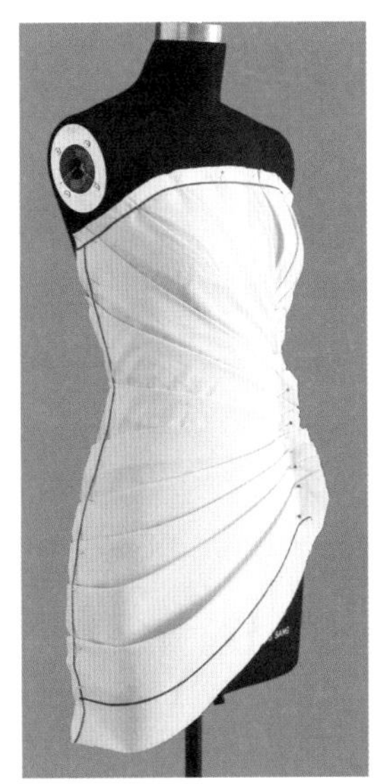

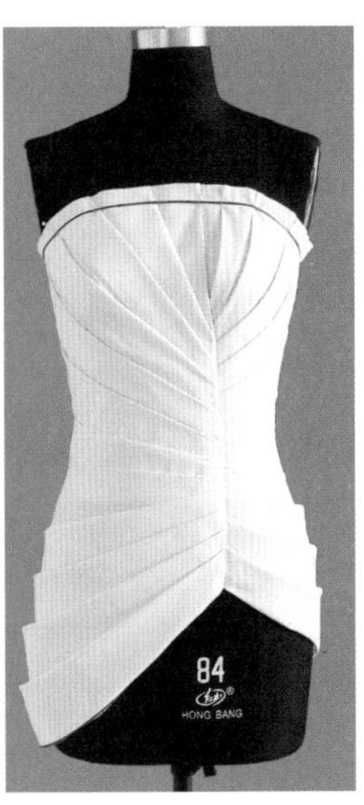

图6-5-8

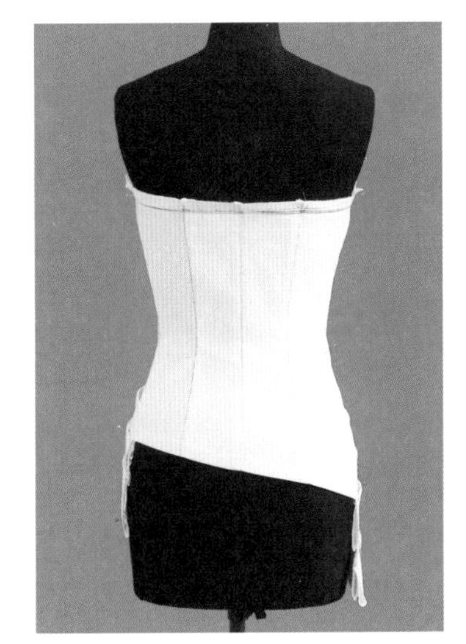

图6-5-9

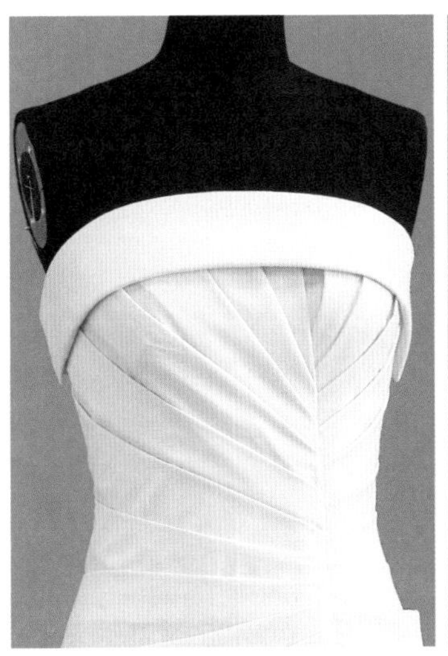

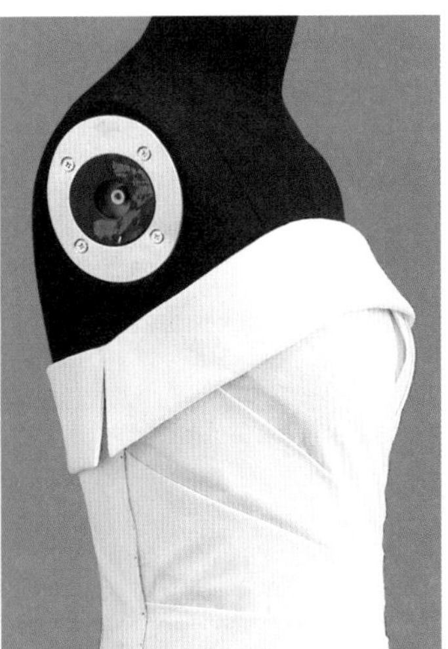

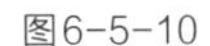

图6-5-10

分割线位置，按波浪裙的制作方式完成裙片的立体造型，使下摆形成均匀美观的波浪形态。后裙片的经向丝缕对齐人台的后中心线，完成后裙片的波浪造型（图6-5-11）。

8. **固定腰部朵花卉装饰** 在前分割线的腰部装饰上花卉等饰物。花卉的做法可采用薄型和中厚型两种质地的坯布，剪成大小不同的叶状，取上下花瓣稍有大小差以丰富层次，在底部作一褶裥使之具立体感，五或六片花瓣组合成一朵花，用同色绒球作花芯，固定在花托上。具体可参考第五章中的装饰朵花部分。将做好的五朵朵花稍加交错排列后固定（图6-5-12）。

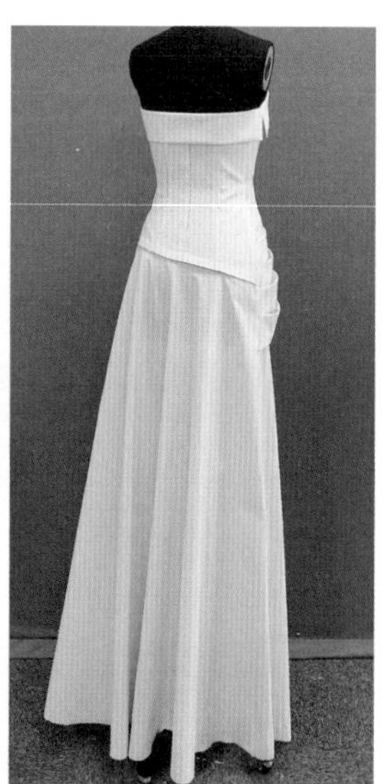

图6-5-11

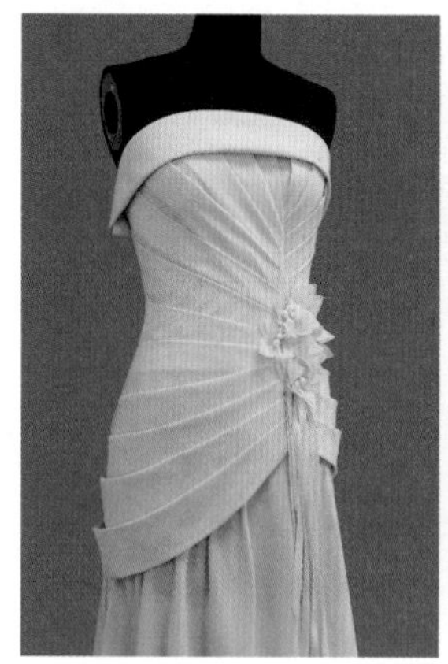

图6-5-12

9. 裁片图（图6-5-13）

10. 整理礼服裙最终造型效果（图6-5-14）

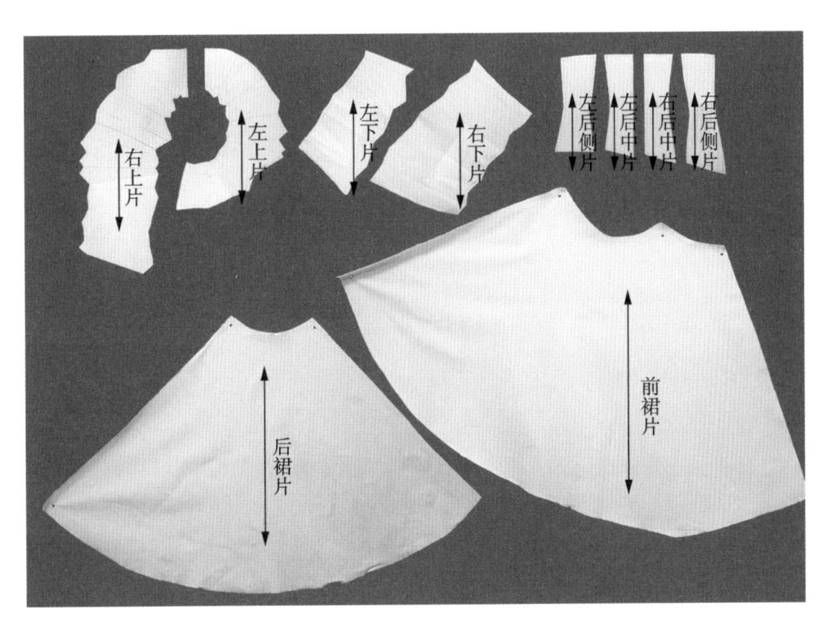

图6-5-13

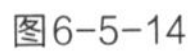

图6-5-14

第六节　双领单肩礼服裙

一、款式分析

这是一款不对称、不规则的多片分割结合波浪装饰的小礼服。衣身采用单肩设计，除了肩部、下摆廓型张扬的波浪装饰外，前胸部的双重翻领是设计亮点，其中下层翻领在顶部通过褶裥方式形成了一个具有立体效果的空隙，和上层翻领一起对胸部形成了较好的装饰效果（图6-6-1）。

二、粘贴款式线

根据款式在人台由上而下贴出款式线，因为分割较多，贴线时要注意各衣片的比例，其中人台右侧下端有波浪装饰，所以采用无侧缝分割的设计。为方便区分衣片及样板，完成贴线后对每个区域进行编号（图6-6-2）。

双领单肩礼服裙

图6-6-1

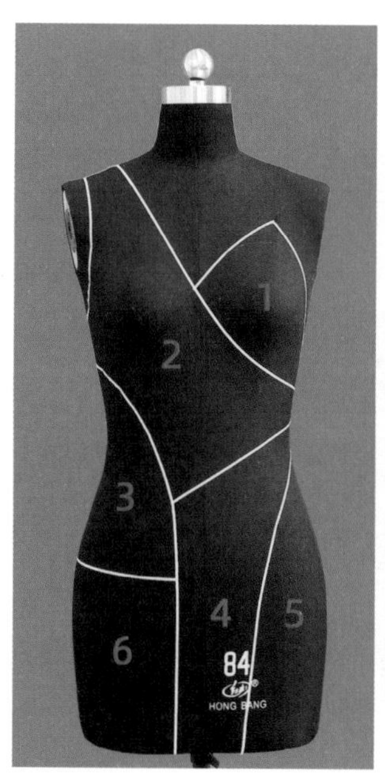

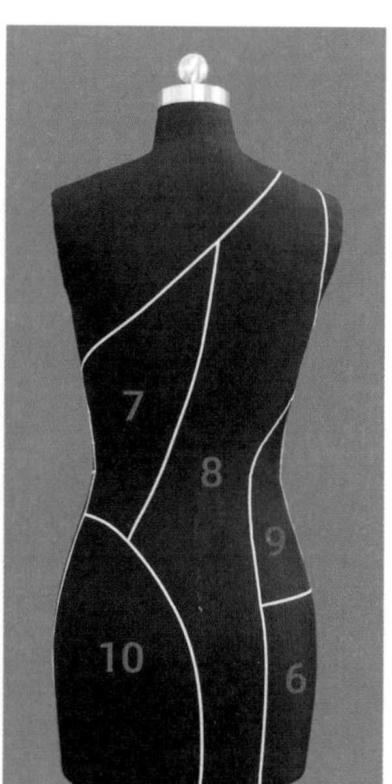

图6-6-2

三、面料准备

第一片与第二片为保持止口线的稳定，取领口处为直丝缕方向，其余各片均按照常规的横平竖直方式估计取料，量取各片的最宽处和最长处，各加放余量后即为取料尺寸（图6-6-3）。

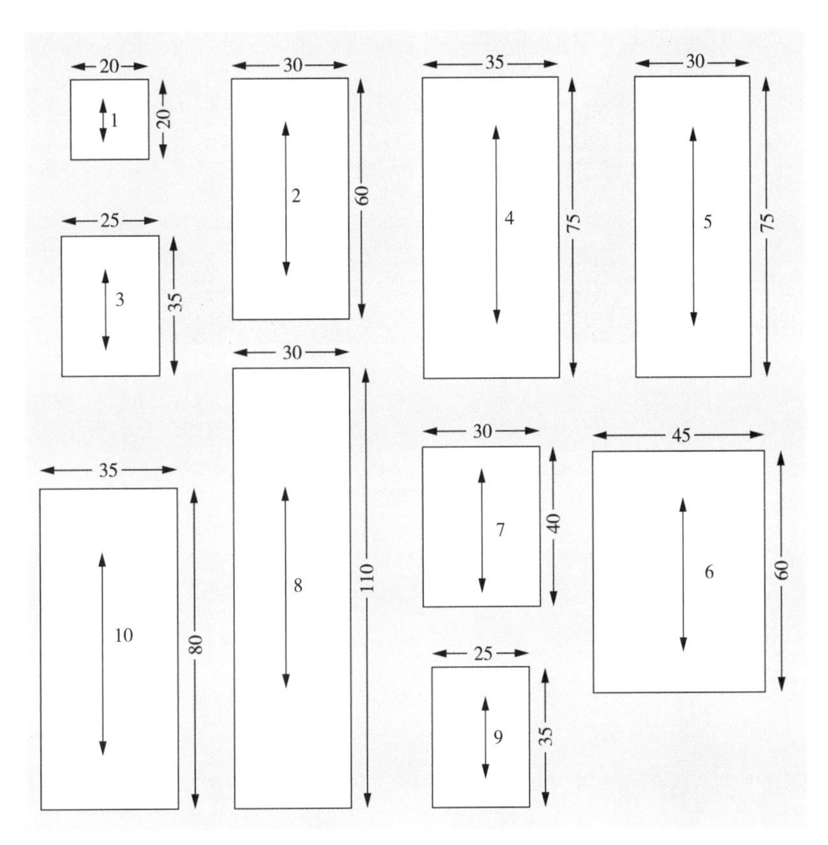

图6-6-3

四、立体裁剪

1. **衣身的立体制作**　首先制作人台左侧的胸部，因为领口两条轮廓线基本呈垂直状态，为保证领口的稳定，以领口为直丝将布料放置到人台上，在胸高点下方做两个胸省，省道与左侧领口线基本垂直（图6-6-4）。然后制作右侧胸部，以领口走向为直丝将布料放上人台，因为在款式中看不出胸省位置，这里可以选择将省道做在袖窿，通过翻领将其隐藏。

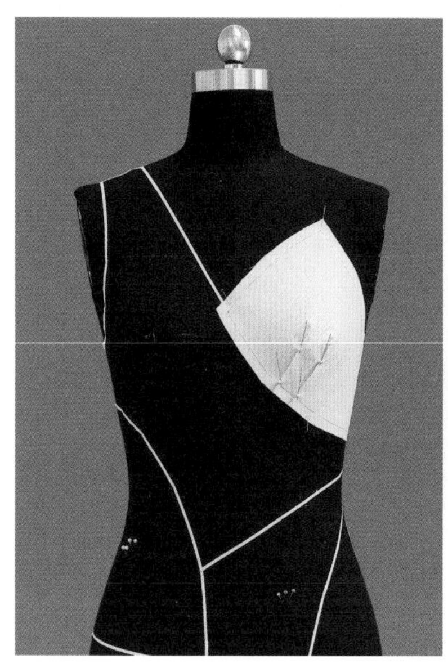
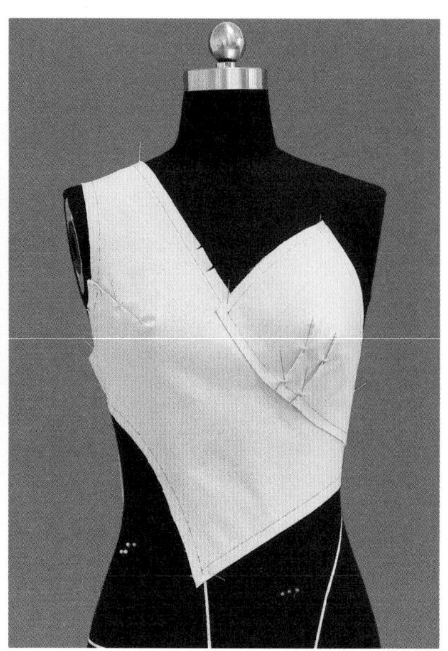

图6-6-4

余下衣片的分割基本都是垂直和水平走向，制作时以人体长度方向为直丝放置布料，并完成各衣片的立体制作；

将所有衣片修剪并拼合后放置人台上查看效果（图6-6-5）。

2. **双翻领的立体制作**　根据翻领款式准备翻领用料，尺寸如图6-6-6所示。

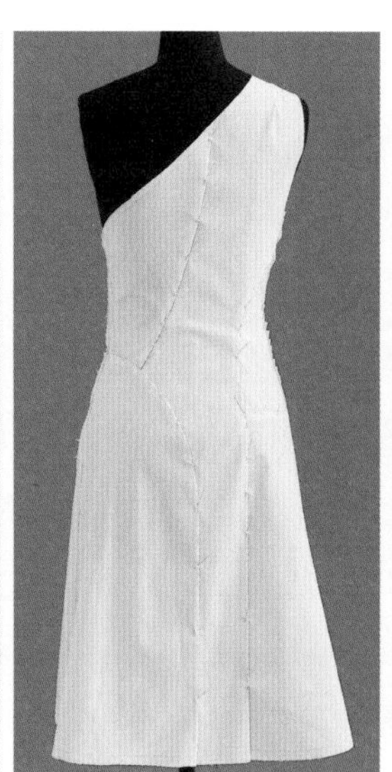
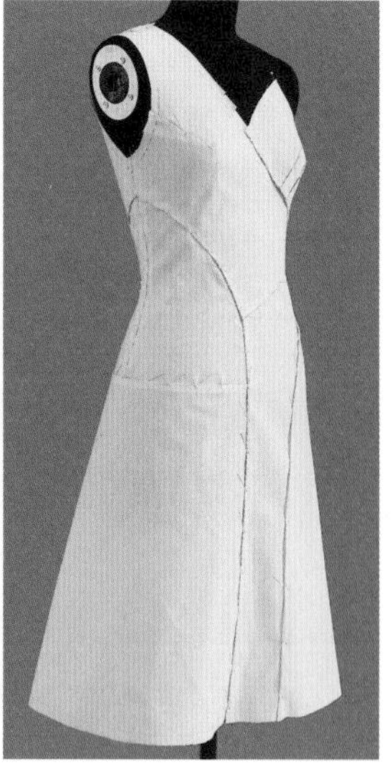

图6-6-5

将下层翻领的领面布料放置到人台上，按领口轮廓修剪布料后，根据款式在胸部上端做成褶裥，此时折痕基本为正斜丝方向，保留褶裥与人台胸部有一定的空隙，通过在上胸围处做刀口使布料平服，最后用标识线初步贴出下层翻领的轮廓，并平面修正（图6-6-7）。

将领底布料的直丝方向对齐领口线放上人台，根据领口轮廓线修剪并描点绘制装领线；将修剪好的领面放在领底上方，保持装领线一致，沿领面外止口线将两片固定后取下，平面修正领底的外止口线后进行修剪（图6-6-8）。

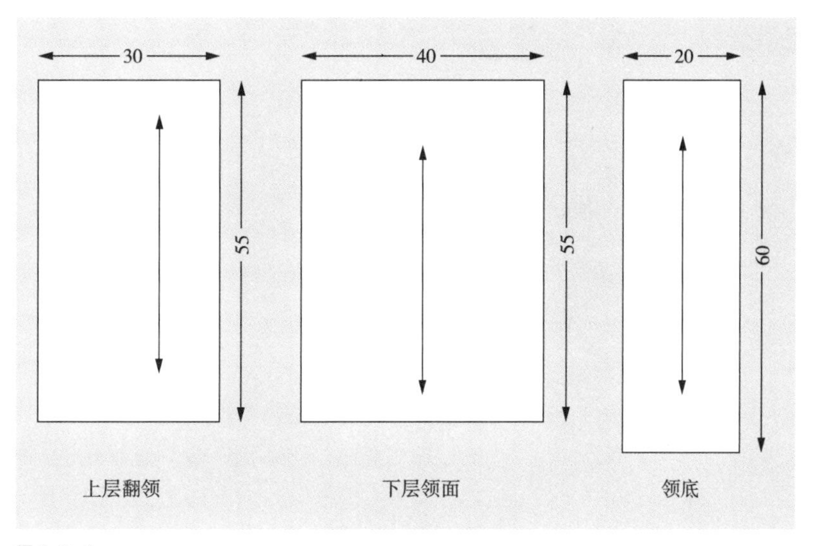

图6-6-6

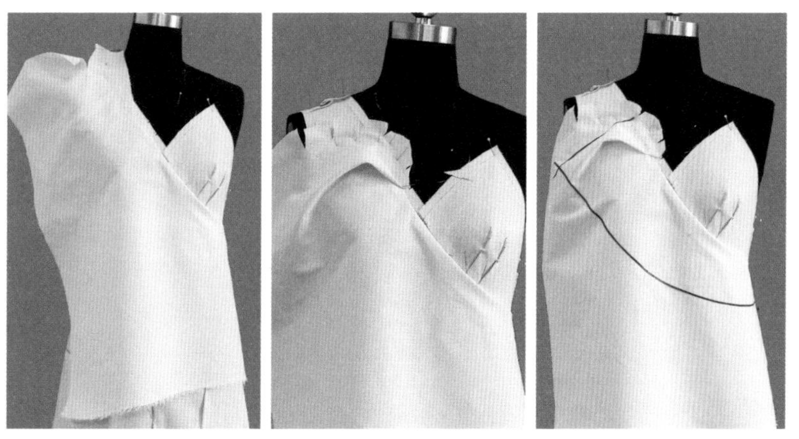

图6-6-7

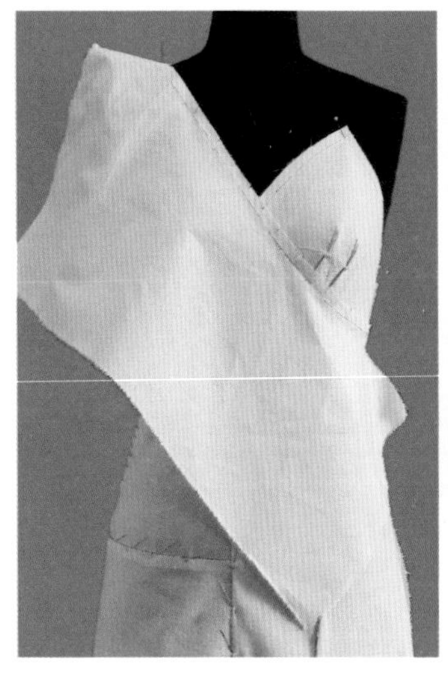
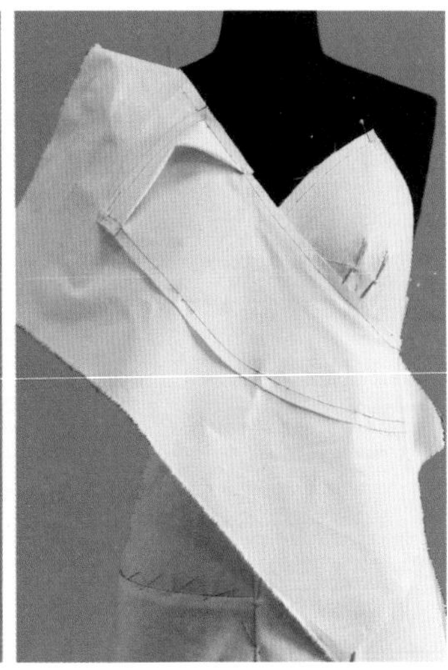

图6-6-8

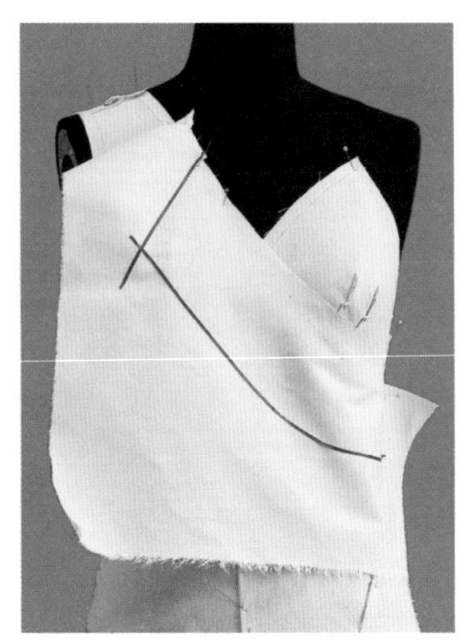

图6-6-9

同下层翻领的做法一致制作上层翻领，确定装领线后直接贴出外止口轮廓线并平面修正（图6-6-9）。

将修剪后的两层翻领放回人台，根据款式重新修正翻领的轮廓线（图6-6-10）。

整理所有衣片得到样板（图6-6-11）。

将衣片及翻领缝制后再次放回人台，因为右臂侧面有双层波浪装饰，所以衣片6与其他衣片暂不缝合，衣片10与后片的分割线也暂不

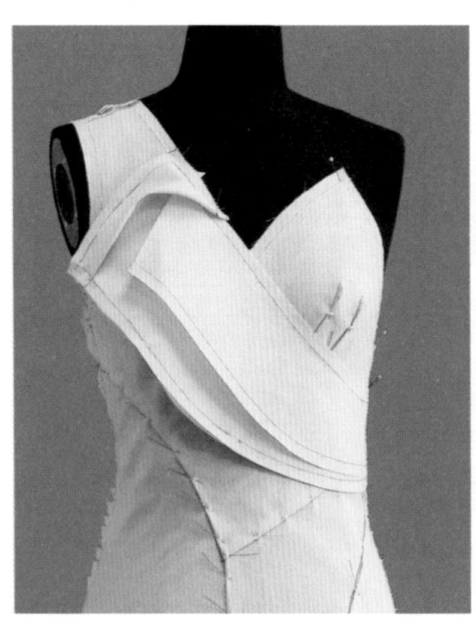

图6-6-10

缝合（图6-6-12）。

3. **制作波浪装饰**　因为波浪造型比较挺括，这里采用无纺布代替坏布进行试样，也可以用薄型的牛皮纸或白纸揉搓柔软后代替使用（图6-6-13）。

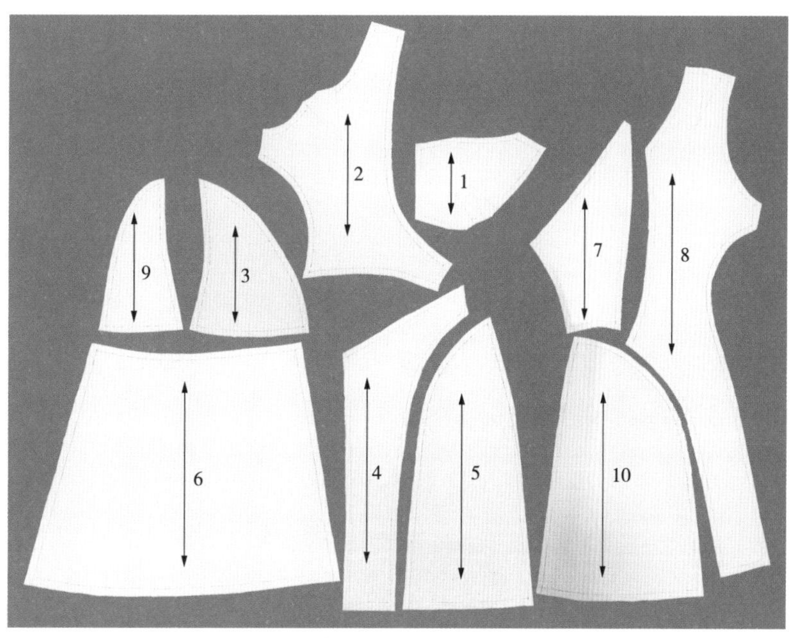

图6-6-11

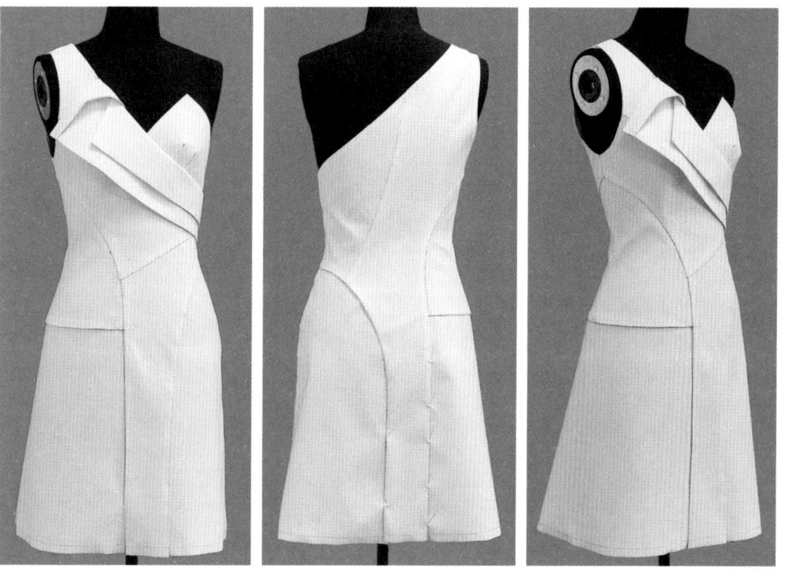

图6-6-12

图6-6-13

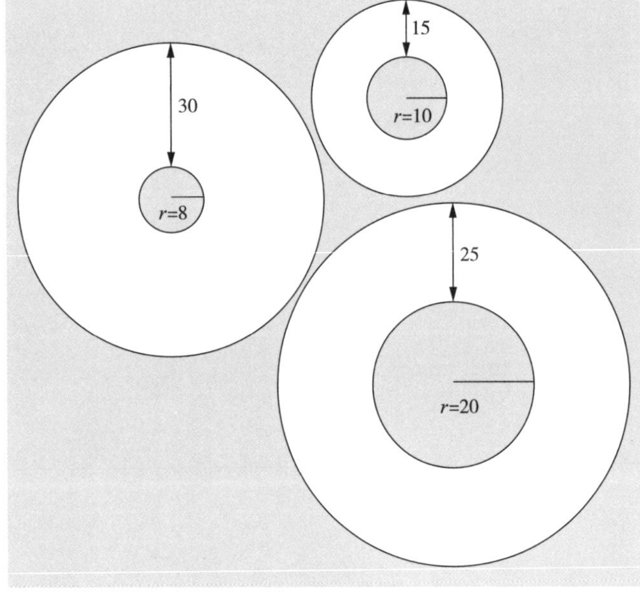

图6-6-14

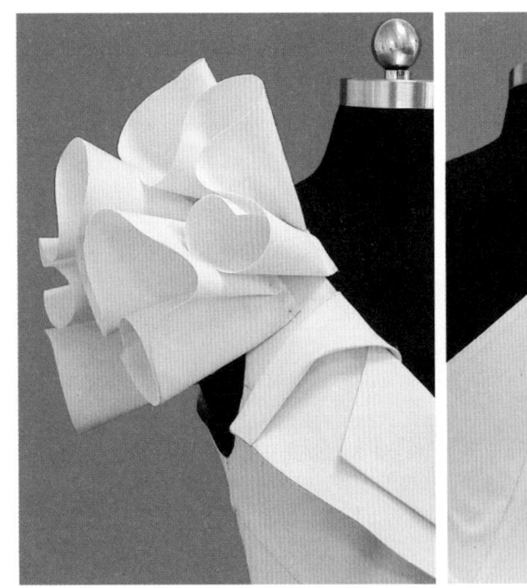

图6-6-15

通过试样确认波浪的宽度和密度，确定制作波浪装饰的圆环尺寸，如图6-6-14所示；将布料复合无纺衬后根据样板进行裁剪；三个规格的圆环由小到大分别用于肩部、前侧和后侧的装饰。

将圆环以褶裥堆砌的方式直接固定于人台肩部，通过调整固定的位置整理出两层波浪较为均衡的效果（图6-6-15）。

在衣片6上从上向下领取约2/5的长度贴水平线作为里层波浪的缝合位置，同样以褶裥堆砌的方式将圆环固定在衣片上；上层波浪作法完全相同，以衣片6的上止口为波浪的缝合线（图6–6–16）。

人台左侧下层的波浪制作方法完全相同；上层波浪因为缝合线是一条弧形，为了得到较为水平的下摆，可以保持下摆长度一致后通过修剪上止口来实现（图6–6–17）。

4. **整理成品**　完成波浪造型后将所有分割线缝合，并放回人台查看效果（图6–6–18）。

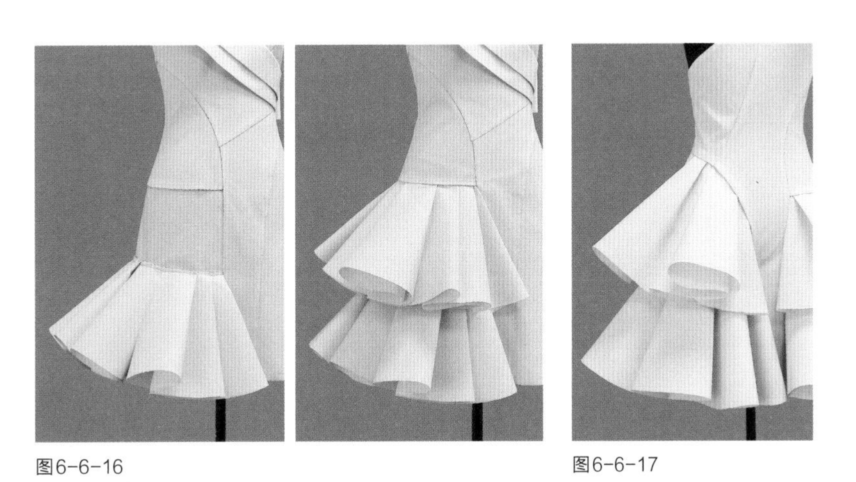

图6–6–16

图6–6–17

图6–6–18

第七节　玫瑰装饰蝴蝶礼服裙

一、款式分析

这是一款极具女性气息的晚礼服，以褶皱、花卉、波浪等手法塑造丰富的肌理，通过仿生蝴蝶翅膀强调礼服的浪漫风情。礼服整体呈现前短后长的造型，优雅而不失可爱；前面是简洁的背心上身和褶裥A裙，应用细腻的抽褶从肩部向下堆砌装饰，造型丰富而不繁琐。后部裙身以玫瑰花为主体并形成波浪丰富流畅的裙摆，上部分的双层褶裥仿生蝴蝶翅膀增添了整件服装的灵气（图6-7-1）。

二、人台准备

根据款式贴出背心的轮廓线，在腰围线下约5cm放置钟型短裙撑（图6-7-2）。

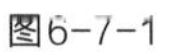
图6-7-1

图6-7-2

三、面料准备

根据款式和人台贴线分别准备衣身和裙片面料，尺寸如图6–7–3所示。

四、立裁过程

1. **制作公主线背心**　注意前片深V领和背面曲线边缘的保型处理；将缝合好的背心放回人台检查效果（图6–7–4）。

2. **制作前后底层裙**　在钟形裙撑上以做伞裙的方法制作底裙，修剪并缝合放回人台；

因前中、后中片都分别连裁，可将整块布料放上人台后，立裁完成半身的效果，贴出半身的结构线，修剪下摆，从人台上取下，平面处理后复制到另一侧后微调（图6–7–5）。

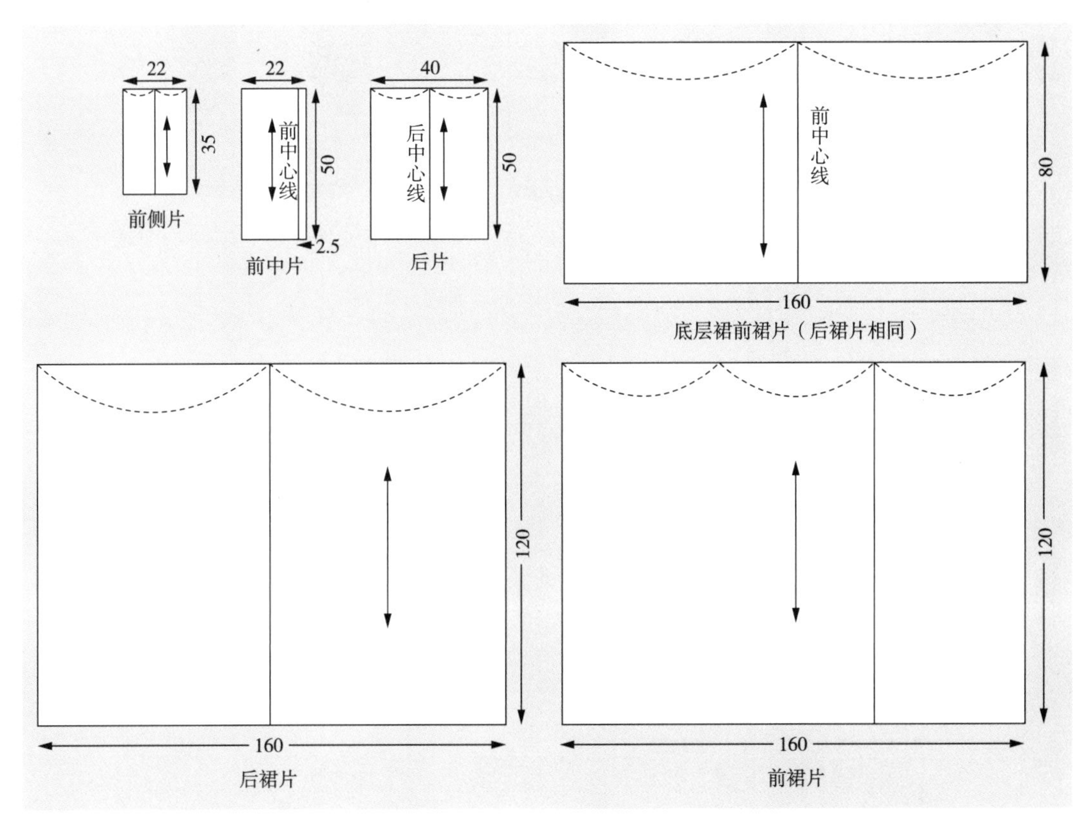

图6–7–3

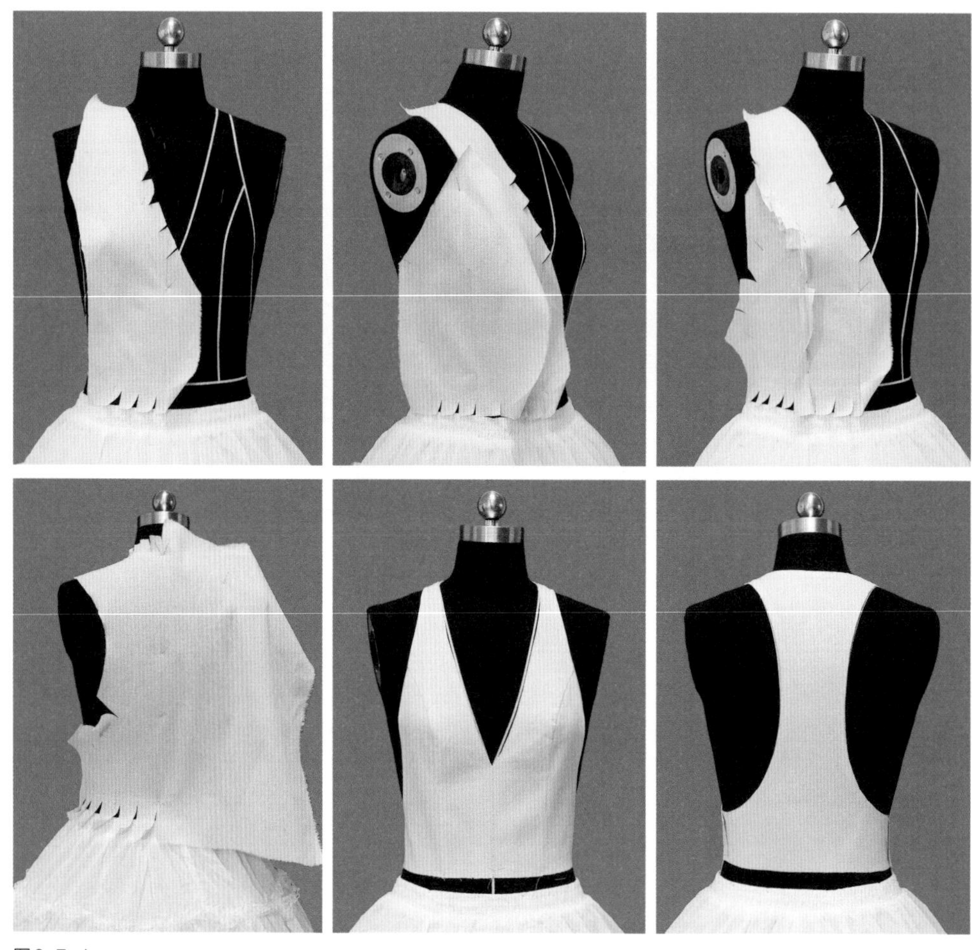

图6-7-4

图6-7-5

3. **立裁褶裥外裙**　以里层裙长+10cm为长、里裙下摆围1.5~2倍为宽取外裙布料，在腰围线上以宽褶裥的方式固定，注意尽量保持褶量均匀、左右对称（图6-7-6）。

4. **后片玫瑰花裙**　在后底裙上根据款式贴出三朵主体花卉的位置（图6-7-7）。

图6-7-6

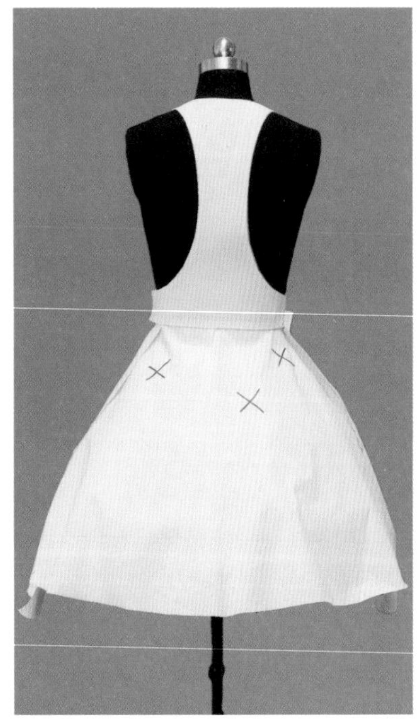

图6-7-7

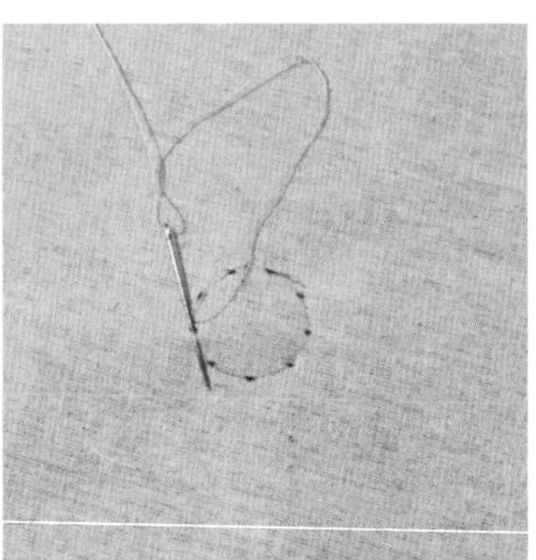

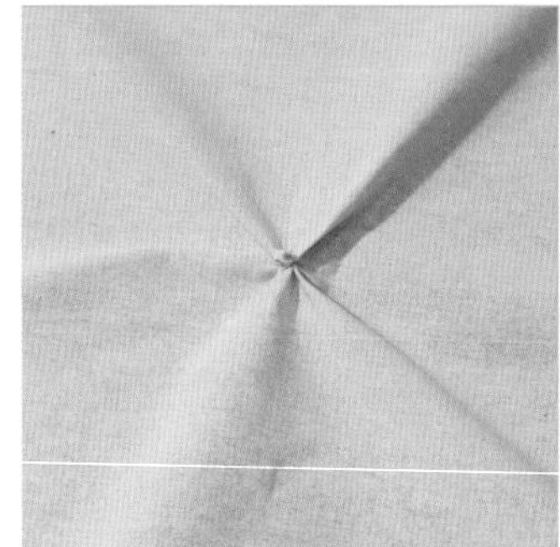

图6-7-8

按面料幅宽尺寸取一块正方形布料，在布料上约1/3的位置画一个直径约3cm的圆圈，用针线沿圆圈抽缩后顺时针方形旋转，方法基本同旋转玫瑰花的做法（图6-7-8）。

旋转两周后保持花形放置到底裙最下方的花卉标记点上，在花卉四周用别针暂时固定以保持花形，整理花卉四周的褶皱，使其自然、均匀；将布料延续到底裙另一侧的花卉标记点，横向保留一定的余量后同第一个玫瑰的旋转方向旋转制作第二朵玫瑰（图6-7-9）。

重新取一块相同大小的布料，制作第三朵玫瑰后固定在底裙最上面的花卉标识点（图6-7-10）。

在腰围分割线处用第三朵玫瑰的余布制作横向褶裥；整理三朵花卉下部的余布，使褶皱基本均衡，通过用手工制作的抽褶玫瑰花进行固定（图6-7-11）。

5. **整理前后裙片**　根据前面上层裙片的长度修剪后裙片，形成前高后低的下摆，并完成侧缝（图6-7-12）。

Tips >>>

因为旋转玫瑰的制作带有一定的随机性，所以在制作花卉时只要保持花形完整、间隙均衡即可，很难保持每朵花形完全相同；制作时也存在失败的可能，可以将面料熨烫后重新制作。

图6-7-9

图6-7-10

图6-7-11

图6-7-12

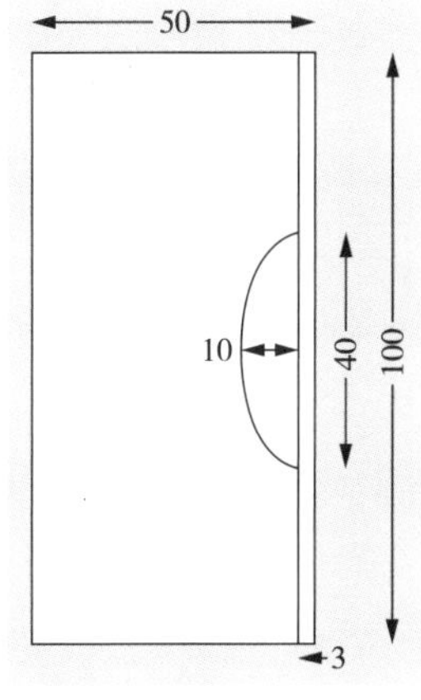

图6-7-13

6. **制作蝴蝶翅膀**　取一块长100cm、宽50cm的布料，平行长度布边约3cm画一条直线，在直线居中取40cm，横向取10cm画一条圆顺的曲线，如图6-7-13所示。

沿曲线放缝2cm修剪余布后将其放置到人台背部，以曲线上端直丝为翅膀宽度固定于背心的弧形上端，由下向上拎起布料做褶裥，使褶裥形成由背部中心向外发散放大的形态，并沿弧形固定，注意保持每个褶裥大小基本相当，距离基本均衡。

在和弧线上端基本垂直的位置停止褶裥，并使余布自然下垂。

用标识线贴出翅膀形态，保留2~3cm的缝份后修剪余布。

将布料取下，平面处理褶裥和轮廓线，完成修剪后放回人台查看效果（图6-7-14）。

确认翅膀造型后得到下层翅膀样板，平行下层翅膀外轮廓线向内收进3cm得到上层翅膀样板（图6-7-15）。

用中厚白坯布制作下层翅膀，轻薄白坯布横丝制作上层翅膀，完成缝制后放回人台查看效果（图6-7-16）。

图6-7-14

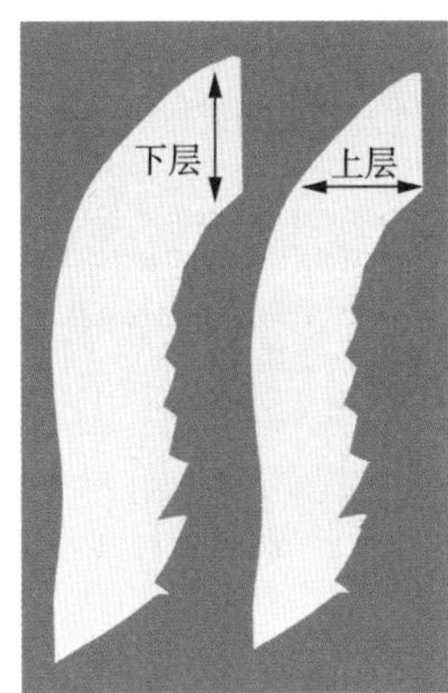

图6-7-15

图6-7-16

图6-7-17

图6-7-18

7. **固定前胸部褶皱装饰**　用轻薄白坯布取宽2cm的直丝布条若干，用打褶器完成细密的碎褶。

将一条细褶布条沿领口从肩部向下固定在人台上，其他布条基本自然下垂，保证人台左胸及腰部能完全覆盖；最后修剪布条长短，形成长短不一的随意效果（图6–7–17）。

将前裙片上层与下层以细褶的方式在底部缝合，适当拉开上层的褶裥，营造出一定的蓬松效果（图6–7–18）。

蝴蝶造型礼服的最后效果如图6–7–19所示。

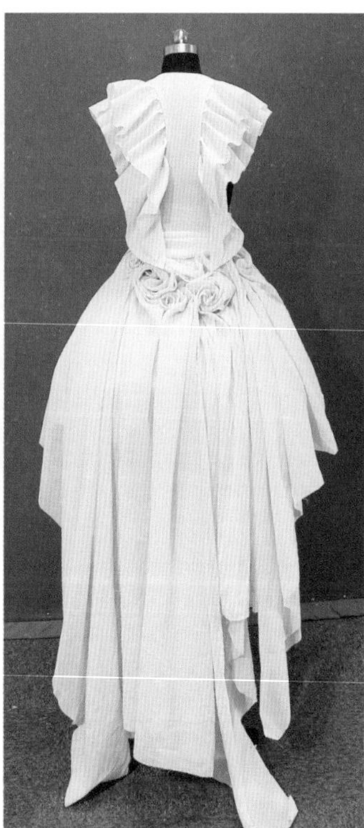

图6-7-19

思考与练习

自选一件礼服款式，完成其立体造型，并制作成PPT。内容包括：正、背面款式图、款式分析、粘贴款式线、面料准备图、具体立体裁剪步骤、最终效果展示，要求图文结合。

学生作品赏析

更多学生作品
请扫码赏析

参考文献

[1] 戴建国. 服装立体裁剪[M]. 北京：中国纺织出版社，2012.

[2] 祝煜明. 时装立体构成[M]. 杭州：浙江大学出版社，2005.

[3] Karolyn kiisel. Draping[M]. London: Laurence King Publishing Ltd，2013.